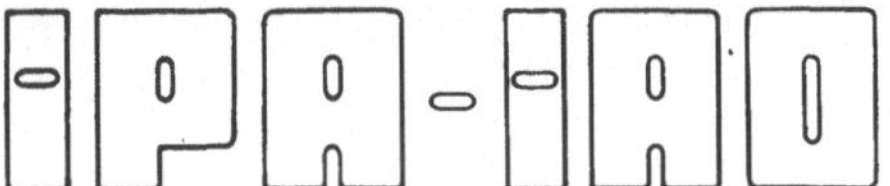

Forschung und Praxis

Band 117

Berichte aus dem
Fraunhofer-Institut für Produktionstechnik
und Automatisierung (IPA), Stuttgart,
Fraunhofer-Institut für Arbeitswirtschaft
und Organisation (IAO), Stuttgart, und
Institut für Industrielle Fertigung und
Fabrikbetrieb der Universität Stuttgart

Herausgeber: H. J. Warnecke und H.-J. Bullinger

Tilmann Greiner

Ein Algorithmus zur kapazitätsorientierten Bildung von Losen

Mit 37 Abbildungen

Springer-Verlag
Berlin Heidelberg New York
London Paris Tokyo 1988

Dipl.-Wirtsch.-Ing. Tilmann Greiner

Fraunhofer-Institut für Produktionstechnik und Automatisierung (IPA), Stuttgart

Dr.-Ing. H. J. Warnecke

o. Professor an der Universität Stuttgart
Fraunhofer-Institut für Produktionstechnik und Automatisierung (IPA), Stuttgart

Dr.-Ing. habil. H.-J. Bullinger

o. Professor an der Universität Stuttgart
Fraunhofer-Institut für Arbeitswirtschaft und Organisation (IAO), Stuttgart

D 93

ISBN-13:978-3-540-19300-5   e-ISBN-13:978-3-642-83489-9
DOI: 10.1007/978-3-642-83489-9

Gesamtherstellung: Copydruck GmbH, Heimsheim
2362/3020—543210

<u>Geleitwort der Herausgeber</u>

Futuristische Bilder werden heute entworfen:

o Roboter bauen Roboter,

o Breitbandinformationssysteme transferieren riesige Datenmengen in
  Sekunden um die ganze Welt.

Von der "menschenleeren Fabrik" wird da gesprochen und vom "papierlo-
sen Büro". Wörtlich genommen muß man beides als Utopie bezeichnen,
aber der Entwicklungstrend geht sicher zur "automatischen Fertigung"
und zum "rechnerunterstützten Büro". Forschung bedarf der Perspektive,
Forschung benötigt aber auch die Rückkopplung zur Praxis - insbesondere im Bereich der Produktionstechnik und der Arbeitswissenschaft.

Für eine Industriegesellschaft hat die Produktionstechnik eine Schlüs-
selstellung. Mechanisierung und Automatisierung haben es uns in den
letzten Jahren erlaubt, die Produktivität unserer Wirtschaft ständig
zu verbessern. In der Vergangenheit stand dabei die Leistungssteigerung
einzelner Maschinen und Verfahren im Vordergrund. Heute wissen wir, daß
wir das Zusammenspiel der verschiedenen Unternehmensbereiche stärker
beachten müssen. In der Fertigung selbst konzipieren wir flexible Fertigungssysteme, die viele verkettete Einzelmaschinen beinhalten. Dort,
wo es Produkt und Produktionsprogramm zulassen, denken wir intensiv
über die Verknüpfung von Konstruktion, Arbeitsvorbereitung, Fertigung
und Qualitätskontrolle nach. Rechnerunterstützte Informationssysteme
helfen dabei und sollen zum CIM (Computer Integrated Manufacturing)
führen und CAD (Computer Aided Design) und CAM (Computer Aided Manufacturing) vereinen. Auch die Büroarbeit wird neu durchdacht und mit
Hilfe vernetzter Computersysteme teilweise automatisiert und mit den
anderen Unternehmensfunktionen verbunden. Information ist zu einem
Produktionsfaktor geworden, und die Art und Weise, wie man damit umgeht,
wird mit über den Unternehmenserfolg entscheiden.

Der Erfolg in unseren Unternehmen hängt auch in der Zukunft entscheidend von den dort arbeitenden Menschen ab. Rationalisierung und Automatisierung müssen deshalb im Zusammenhang mit Fragen der Arbeitsgestal-
tung betrieben werden, unter Berücksichtigung der Bedürfnisse der Mitarbeiter und unter Beachtung der erforderlichen Qualifikationen. Investitionen in Maschinen und Anlagen müssen deshalb in der Produktion wie
im Büro durch Investitionen in die Qualifikation der Mitarbeiter be-
gleitet werden. Bereits im Planungsstadium müssen Technik, Organisation
und Soziales integrativ betrachtet und mit gleichrangigen Gestaltungs-
zielen belegt werden.

Von wissenschaftlicher Seite muß dieses Bemühen durch die Entwicklung
von Methoden und Vorgehensweisen zur systematischen Analyse und Verbesserung des Systems Produktionsbetrieb einschließlich der erforderlichen Dienstleistungsfunktionen unterstützt werden. Die Ingenieure
sind hier gefordert, in enger Zusammenarbeit mit anderen Disziplinen,
z. B. der Informatik, der Wirtschaftswissenschaften und der Arbeitswissenschaft, Lösungen zu erarbeiten, die den veränderten Randbedingungen
Rechnung tragen.

Beispielhaft sei hier an den großen Bereich der Informationsverarbei-
tung im Betrieb erinnert, der von der Angebotserstellung über Konstruktion und Arbeitsvorbereitung, bis hin zur Fertigungssteuerung und Qualitätskontrolle reicht. Beim Materialfluß geht es um die richtige Aus-

wahl und den Einsatz von Fördermitteln sowie Anordnung und Ausstattung
von Lagern. Große Aufmerksamkeit wird in nächster Zukunft auch der
weiteren Automatisierung der Handhabung von Werkstücken und Werkzeu-
gen sowie der Montage von Produkten geschenkt werden.

Von der Forschung muß in diesem Zusammenhang ein Beitrag zum Einsatz
fortschrittlicher intelligenter Computersysteme erfolgen. Planungs-
prozesse müssen durch Softwaresysteme unterstützt und Arbeitsbedingun-
gen wissenschaftlich analysiert und neu gestaltet werden.

Die von den Herausgebern geleiteten Institute, das

- Institut für Industrielle Fertigung und Fabrikbetrieb der Universität
  Stuttgart (IFF),

- Fraunhofer-Institut für Produktionstechnik und Automatisierung (IPA),

- Fraunhofer-Institut für Arbeitswirtschaft und Organisation (IAO)

arbeiten in grundlegender und angewandter Forschung intensiv an den
oben aufgezeigten Entwicklungen mit. Die Ausstattung der Labors und
die Qualifikation der Mitarbeiter haben bereits in der Vergangenheit
zu Forschungsergebnissen geführt, die für die Praxis von großem
Wert waren. Zur Umsetzung gewonnener Erkenntnisse wird die Schriftenreihe "IPA-IAO - Forschung und Praxis" herausgegeben. Der vorliegende
Band setzt diese Reihe fort. Eine Übersicht über bisher erschienene
Titel wird am Schluß dieses Buches gegeben.

Dem Verfasser sei für die geleistete Arbeit gedankt, dem Springer-
Verlag für die Aufnahme dieser Schriftenreihe in seine Angebotspa-
lette und der Druckerei für saubere und zügige Ausführung. Möge das
Buch von der Fachwelt gut aufgenommen werden.

                              H. J. Warnecke · H.-J. Bullinger

<u>Vorwort</u>

Die vorliegende arbeit entstand während meiner Tätigkeit als
wissenschaftlicher Mitarbeiter am Fraunhofer-Institut für
Produktionstechnik und Automatisierung (IPA) in Stuttgart.

Herrn Prof. Dr.-Ing. H.-J. Warnecke, dem Leiter des Institutes,
bin ich für die wohlwollende Unterstützung und großzügige
Förderung der Arbeit zu besonderem Dank verpflichtet.

Herrn Prof. Dr.-Ing. G. Pritschow danke ich vielmals für die
eingehende Durchsicht der Arbeit und die sich daraus ergeben-
den Hinweise.

Allen Mitarbeitern des Instituts, die mir bei der Anfertigung
dieser Arbeit behilflich waren, danke ich ebenfalls. Dieser
Dank gilt insbesondere Herrn Dr.-Ing. habil. W. Dangelmaier,
der mich nicht nur fachlich unterstützte.

Darüber hinaus möchte ich Frau Renate Ulbrich für ihre uner-
schöpfliche Geduld, ihre Stärke und ihre Opferbereitschaft
danken, ohne die diese Arbeit nicht entstanden wäre. Ferner
bin ich auch Sandra Nagel, M. Maus und W. Weißbauch zu
großem Dank verpflichtet.

Großsachsen, Juli 1987   T. Greiner

<u>INHALTSVERZEICHNIS</u>   Seite

Verzeichnis der Abkürzungen, Formelzeichen und Einheiten

Zeichen	Einheit	Bedeutung
R	DM	Rüstkosten
S	DM	Stückkosten
B	Stück	Bedarf pro Jahr
Z	%	kalkulatorischer Zinssatz
x	Stück	optimale Losgröße
q	Stück	Losgröße
s	Stück	Bestellpunkt
S	Stück	Lagerfüllhöhe
t	Zeiteinheit	Bestellintervall
i		Indexvariable der Zyklen
ST		Starttermin
WST		Wiederholstarttermin
ABS	Stück	Ausbringung je Schicht
ANL	%	Anlaufkurve in Prozent der Ausbringung je Schicht, eindimensionales Feld
VB_{min}	Stück	verfügbarer Mindestbestand
LA	Zeiteinheit	Losabstand
REM	Stück	Rastereinheit Menge
REZ	Stück	Rastereinheit Zeit
BB	Stück	Bruttobedarfsverlauf, eindimensionales Feld
VB	Stück	verfügbarer Bestand, eindimensionales Feld
AV	Stück	Auftragsverlauf, eindimensionales Feld
BV	%	Belastungsverlauf in Prozent des Kapazitätsangebots, eindimensionales Feld

1. Einleitung

Bestände entstehen immer dann, wenn die arbeitsteilig erbrachten Lei-
stungen der verschiedenen Leistungsstellen nicht miteinander k o -
o r d i n i e r t   sind. Gerade in der G r o ß s e r i e n f e r -
t i g u n g [1], die in dieser Arbeit betrachtet werden soll, sammeln
sich aufgrund des hohen Materialdurchsatzes[2] bei schlechter Koordination schnell hohe Bestände[3] an.

Ein wesentlicher Beitrag zur Verbesserung der Koordination und damit
zur S e n k u n g   der Bestände kann bei der Planung von Mengen
und Terminen für die Produktion von Enderzeugnissen und Halbfertig-
erzeugnissen sowie für die Beschaffung von Rohmaterial und Kaufteilen
geleistet werden /3/. Beispielsweise kann die Planung k l e i -
n e r e r   Mengen und k n a p p e r e r   Termine zu geringeren
Beständen führen, wie in Bild 1.1 vereinfachend dargestellt ist.
Darüber hinaus führt eine Erhöhung der Zuverlässigkeit der Mengen-
und Terminplanung zu einer Senkung der Sicherheitsbestände.

Die Planung von Mengen und Terminen wird im Rahmen der F e r t i -
g u n g s s t e u e r u n g [4] durchgeführt. Die Fertigungssteuerung
wird durch EDV-Systeme (F e r t i g u n g s s t e u e r u n g s -
s y s t e m e [5]) unterstützt. Eine Teilfunktion dieser Fertigungssteuerungssysteme ist die L o s b i l d u n g [6]. In dieser Teil-

---

1) Zur Definition und Abgrenzung der Großserienfertigung siehe /2/.
2) Materialmenge pro Zeiteinheit
3) Bestände stellen in der Fertigungsindustrie heute einen beachtlichen
   Kostenfaktor dar: 55 % der Bilanzsumme deutscher Aktiengesellschaf-
   ten sind Umlaufvermögen, 45 % davon sind im Vorrätebereich gebunden
   /1/.
4) Synonym zum Begriff Fertigungssteuerung /4/ findet man häufig auch
   den Begriff Produktionsplanung und -steuerung /5/.
5) Standardsoftware-Systeme, z. B. COPICS von IBM /12/. Eine vollständige, aktuelle Sammlung befindet sich in /6/.
6) Die Teilfunktion Losbildung ist auch unter dem Begriff Bestell-
   rechnung bekannt.

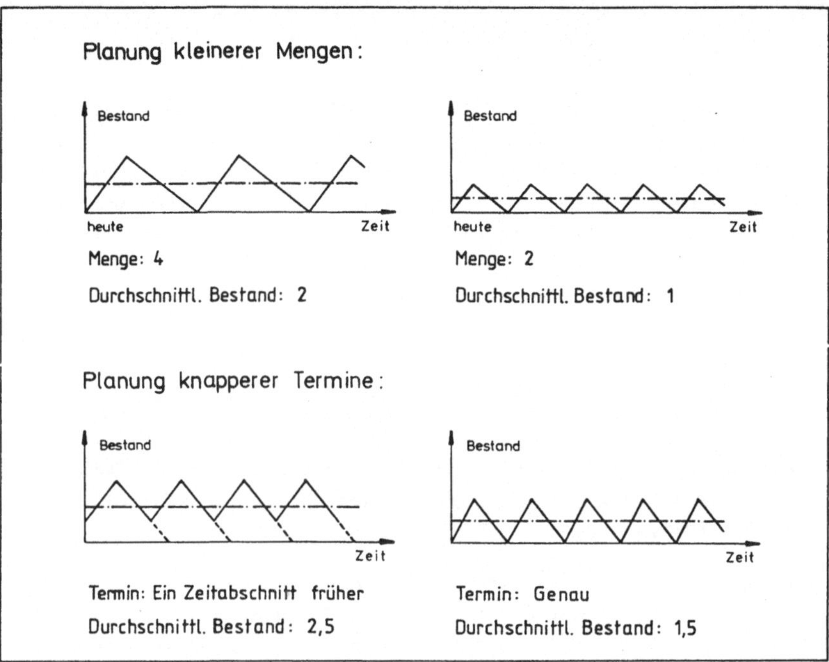

Bild 1.1: Auswirkungen der Mengen- und Terminplanung auf die
Bestände

funktion werden die Mengen und Termine (Lose)[1] für Fertigung und
Beschaffung bestimmt[2].

Die vorliegende Arbeit befaßt sich mit Algorithmen[3] zur Losbildung
unter Berücksichtigung der Besonderheiten der Großserie und unter
dem Aspekt der Bestandsminimierung.

---

1) Los soll als Überbegriff über Menge und Termin verstanden werden.
2) Bei der Terminfestlegung handelt es sich um einen vorläufigen
   Termin, der nach Kenntnis der Belastungssituation noch verschoben
   werden kann.
3) Laut Brockhaus ist ein Algorithmus ein durch Regeln festgelegter
   Rechenvorgang, der häufig zyklisch wiederkehrende Gesetzmäßig-
   keiten aufweist.

2   Problemstellung

Um zu einer Zielsetzung für Losbildungsalgorithmen zu gelangen, ist
es sinnvoll, den Rahmen von Losbildungsalgorithmen, also Fertigungssteuerungssysteme, zu untersuchen. Bestehende Fertigungssteuerungssysteme sind mit dem Blick auf die Einzel- und Kleinserienfertigung
entstanden /7/. Um ihre Schwachstellen bei der Anwendung in der Großserienfertigung aufzudecken, sollen zunächst die strukturellen Unterschiede zwischen Großserien- und Einzel-/Kleinserienfertigung betrachtet werden.

2.1   Unterschiede zwischen Großserien- und Kleinserien-/
         Einzelfertigung

In der betrieblichen Praxis ist für E i n z e l - und K l e i n -
s e r i e n f e r t i g u n g   eine organisatorische Zweiteilung in
Montage und Teilefertigung[1] üblich.

Die M o n t a g e   ist nach e r z e u g n i s o r i e n t i e r -
t e n , die T e i l e f e r t i g u n g   dagegen nach v e r -
r i c h t u n g s o r i e n t i e r t e n   Prinzipien strukturiert /3/.
Daher muß in der Montage Linienfertigung[2] vorausgesetzt werden.
Werkstattfertigung in der Montage wird ausgeschlossen; dagegen ist sie
die alleinige Organisationsform für die Teilefertigung. Die Kombination
von Linien- und Werkstattfertigung soll im folgenden als g e m i s c h -
t e   F e r t i g u n g   bezeichnet werden.

---

1) Teile werden durch Bearbeitung des Rohmaterials hergestellt,
   während Baugruppen aus mehreren Teilen montiert werden.
2) Auch Punktfertigung ist möglich. Von einer Punktfertigung (Bau-
   stellenfertigung) wird gesprochen, wenn alle zur Bearbeitung eines
   Werkstücks notwendigen Betriebsmittel und damit Funktionen auf eine
   Stelle konzentriert werden. Somit kann die Bearbeitung in einer Auf-
   spannung ohne Ortsveränderung erfolgen. Eine derartige Organisationsform, die der früher weit verbreiteten Werkbankfertigung entspricht,
   liegt bei numerisch gesteuerten Bearbeitungszentren oder Mehrstufen-
   pressen vor. Punktfertigung kann als eine besondere Form der Linienfertigung betrachtet werden.

In der M o n t a g e   werden überwiegend Personalkapazitäten eingesetzt /3/. Da hier eine universelle Verwendung der Kapazitäten möglich ist, kann kapazitätsseitig eine hohe Flexibilität vorausgesetzt
werden. Deshalb können im Montagebereich auch eher Kapazitätsreserven
aufgebaut werden.

In der T e i l e f e r t i g u n g   stehen dagegen kostenintensive
Maschinen, die unbedingt genutzt werden müssen /35/. In der Regel
handelt es sich um Maschinen, die ausschließlich für eine Verrichtung eingesetzt werden können. Eine Mehrfachbeschaffung von Betriebsmitteln findet dann nicht statt, wenn sie ausschließlich durch unterschiedliche Erzeugnisarten bedingt wäre. Somit findet man ein begrenztes und relativ unflexibles Kapazitätsangebot vor, um das mehrere Erzeugnisarten k o n k u r r i e r e n .

Eine Koordination der Leistungsstellen durch Planung ist daher bei
der Einzel- und Kleinserienfertigung nur bei der Teilefertigung
erforderlich. In der Montage kann die Koordination aufgrund der
hohen Kapazitätsflexibilität und -reserve durch die Werker selbst
und/oder durch die Vorgabe entsprechender Verfahrensregeln erfolgen.

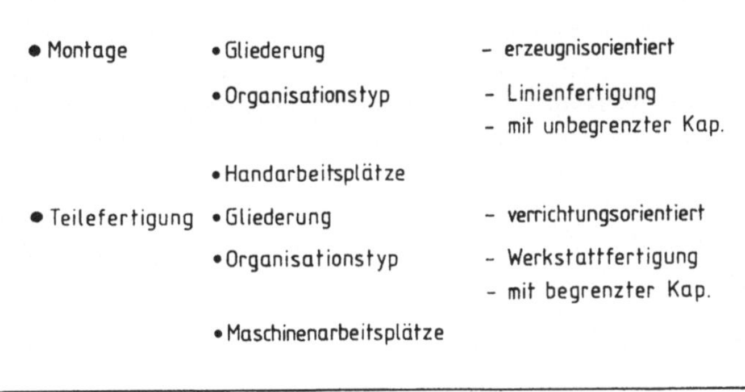

Bild 2.1: Gemischte Fertigung

Anders verhält es sich bei der G r o ß s e r i e n f e r t i g u n g .
Der Fertigungsprozeß ist konsequent n a c h E r z e u g n i s s e n
g e g l i e d e r t /3/. Eine Gliederung nach Funktionen wie z.B. "Pressen", "Lackieren" wird nur dann vorgenommen, wenn kein Widerspruch zur
erzeugnisorientierten Gliederung entsteht. Die Fertigung ist weit höher
mechanisiert/automatisiert als bei Einzel-/Kleinserienfertigung. Die Mechanisierung beschränkt sich nicht auf die Teilefertigung (Schweißstra-
ßen, Montagelinien, Robotereinsatz). Sowohl in der Montage als auch in
der Teilefertigung kann Linienfertigung, nicht aber Werkstattfertigung
auftreten /3/. Im Gegensatz zur gemischten Fertigung bei der Einzel- und
Kleinserie soll diese Organisationsform als m e h r s t u f i g e
L i n i e n f e r t i g u n g bezeichnet werden. Darunter wird ein
Fertigungsprozeß verstanden, der von einer Vielzahl von Fertigungslinien geleistet wird. Das Spektrum der Erzeugnisse/Halbfertigerzeug-
nisse, das einer Fertigungslinie zugeordnet wird, ist je Betriebsmittel unterschiedlich. Die Anordnung der einzelnen Betriebsmittel
im Gesamtablauf läßt sich aber nach Erzeugniskriterien (z. B. Fertigung eines Fahrzeuges) bzw. Verrichtungskriterien (z. B. Lackiererei,
Preßwerk) so vornehmen, daß eine einheitliche Materialflußrichtung
erreicht wird. Diese Forderung setzt gegebenenfalls Mehrfachbeschaffung von Betriebsmitteln voraus. Damit unterscheidet sich die mehrstufige Linienfertigung in der Materialflußstruktur erheblich von
der gemischten Fertigung, bei der eine einheitliche Materialflußrichtung aus Gründen der Kapazitätsnutzung nicht erreicht werden kann
(und auch nur sehr begrenzt angestrebt wird). Umgekehrt soll eine
Fertigung, die in mehrere Linien strukturiert ist, bei der aber keine
einheitliche Materialflußrichtung besteht und daher jede Fertigungslinie Nachfolger jeder anderen im Fertigungsprozeß sein kann, nicht
als mehrstufige Linienfertigung bezeichnet werden. Trotzdem kann eine
Fertigungslinie bei mehrstufiger Linienfertigung mehrere Nachfolger
bedienen und von mehreren Vorgängern bedient werden. Dieser Sachverhalt ist geradezu die Voraussetzung für die mehrstufige Linienfertigung, da man sonst den Fertigungsprozeß sinnvollerweise in einer
einzigen Fertigungslinie organisieren würde (oder mehreren parallelen,
die aber miteinander nicht verbunden sind).

Eine Beschränkung der kapazitätsbezogenen Betrachtung allein auf die
Teilefertigung ist bei der mehrstufigen Linienfertigung nicht möglich,
da jede Stelle Kapazitätsengpaß sein kann. Diesen Engpaßcharakter
bewirkt einmal der Verlust an Kapazität bei steigender Mechanisierung/
Automatisierung, aber auch die weitaus schwierigere Zwischenlagerung
sehr hoher Materialmengen bei schlechter Koordination der Fertigung.
Dadurch wird bei der mehrstufigen Linienfertigung eine   m e h r -
s t u f i g e   K a p a z i t ä t s b e t r a c h t u n g   notwendig.

● Montage +	● Gliederung	- erzeugnisorientiert
● Teilefertigung	● Organisationstyp	- Linienfertigung - Punktfertigung
	● Maschinenarbeitsplätze	- mit begrenzter Kap.

Bild 2.2: Mehrstufige Linienfertigung

Ein weiterer Unterschied zwischen Einzel-/Kleinserienfertigung und
Großserienfertigung besteht im   a b l a u f o r g a n i s a t o r i -
s c h e n   Bereich:
Bei vielen Erzeugnissen ist es in der Großserie häufig wirtschaftlich,
den Transport in verhältnismäßig   k l e i n e n   T r a n s p o r t -
e i n h e i t e n   u n d   k u r z e n   A b s t ä n d e n   durchzuführen, da pro Zeiteinheit große Materialmengen bewegt werden müssen,
für deren Zwischenlagerung in der Produktion bei großen Transporteinheiten kein Platz vorhanden ist. Kleine Transporteinheiten und hoher
Materialdurchsatz führen zu hohem Transportaufkommen. Es ist daher
lohnenswert, den Materialfluß weitgehend zu   a u t o m a t i s i e -
r e n   (fahrerloses Transportsystem, Power-and-Free-Förderer, usw.).
Daraus leitet sich wiederum die Notwendigkeit ab, daß die Transporteinheiten möglichst immer   v o l l s t ä n d i g   g e f ü l l t
sein sollten, da ein automatisiertes Transportsystem nicht effektiv
arbeitet, wenn ständig nur teilgefüllte Transporteinheiten befördert
werden müssen. Darüber hinaus ist es offensichtlich, daß bei vielen
nur teilgefüllten Transporteinheiten die Lagerung nur wenig effizient
ist. Insofern ist es bei der mehrstufigen Linienfertigung vorteilhaft,

die Losgröße auf ganze Transporteinheiten   a u f -   bzw.   a b z u -
r u n d e n . Nachteilige Effekte, die Bestände betreffend, sind dabei
nicht zu erwarten, da aufgrund der relativ kleinen Transporteinheiten
eine Abweichung von der optimalen Losgröße /8/ nur gering sein wird.
Der Nachteil, daß die über Bedarf gefertigten Mengen nicht mehr oder
erst viel später verwendet werden können, ist nicht zu erwarten, da aufgrund des in der Großserie auftretenden dichten Bedarfsverlaufs[1] /9/
ein baldiger Verbrauch von überschüssigen Mengen vorausgesetzt werden
kann. Darüber hinaus ist eine exakte Abstimmung der Losgröße auf den
Bedarf in der Großserie nicht angebracht, weil ein Los oft eine sehr
große Anzahl von Verwendungen[2] abdeckt und sich damit die   Ä n d e -
r u n g s h ä u f i g k e i t   drastisch   e r h ö h t /9/. Damit
müßten ständig neue Lose geplant werden. Dies würde einen äußerst hohen
und unnötigen Planungsaufwand bedeuten.

Anders verhält es sich bei der gemischten Fertigung (Einzel-/Klein-
serienfertigung). Hier läuft der Transport diskontinuierlich ab. Aufgrund des geringen Materialflußaufkommens lohnt sich eine Transport-
automatisierung nicht. Daraus ergibt sich die Notwendigkeit, die Anzahl der Transportvorgänge möglichst gering zu halten. Deswegen werden
in der Einzel- und Kleinserienfertigung verhältnismäßig   g r o ß e
T r a n s p o r t e i n h e i t e n   verwendet, die oft mehr als ein
Los transportieren können. Damit können sich häufig teilgefüllte
Transporteinheiten ergeben. Aufgrund der Tatsache, daß es sich hierbei
im Vergleich zur Großserie nur um wenige große Transporteinheiten
handelt und das Materialflußaufkommen ohnehin nicht so groß ist, fallen die dadurch entstehenden zusätzlichen Lagerkosten durch die Lagerung teilgefüllter Transporteinheiten nicht so stark ins Gewicht.
Viel mehr Kosten würden verursacht werden, wenn die Losgröße auf die
verhältnismäßig großen Transporteinheiten und nicht mehr auf den Bedarf
abgestimmt werden würde. Bei Einzelfertigung, bei der erwartet werden
muß, daß ein Bedarf an gleichen Teilen nie oder erst in sehr ferner
Zukunft wieder auftritt, würden diese Maßnahmen entweder Verschrottung
oder Verderb bzw. hohe Bestände bedeuten. Auch bei der Kleinserienfertigung mit ihrem nur sporadisch verteilten Bedarf ist ein baldiger

---

1) Mit dichtem Bedarfsverlauf soll ausgedrückt werden, daß für ein Erzeugnis ständig Bedarf auftritt, daß also längere Zeitabschnitte
   ohne Bedarf selten auftreten.
2) Verwendungen sind Baugruppen, Teile oder Erzeugnisse, in denen die
   einzelnen Baugruppen oder Teile des betrachteten Loses verbaut werden.

Verbrauch der über Bedarf gefertigten Menge erst viel später zu erwarten. Hier ist es also notwendig, die Losgröße e x a k t auf den Bedarf abzustimmen. Änderungen sind nicht in der Häufigkeit wie bei der Großserie zu erwarten, da bei Einzel- und Kleinserienfertigung eine geringere Anzahl von Verwendungen existiert.

Zusammenfassend kann festgestellt werden, daß bei der Großserie im Gegensatz zur Kleinserie bzw. Einzelfertigung

- Kapazitätsengpässe nicht nur bei der Teilefertigung auftreten können und damit eine mehrstufige Kapazitätsbetrachtung notwendig wird und

- die Losgrößen auf ganze Transporteinheiten abgestimmt werden müssen.

2.2   Schwachstellen konventioneller Fertigungssteuerungssysteme bei Großserienfertigung

Ein Fertigungssteuerungssystem (siehe Abschnitt 1) gliedert sich in die Teilsysteme Materialwirtschaft und Zeitwirtschaft[1] /10/.

In der M a t e r i a l w i r t s c h a f t werden für alle P o s i t i o n e n [2] Lose, d.h. Mengen und Bereitstellungstermine[3] zur Produktion und Beschaffung geplant. Die L o s b i l d u n g (siehe Abschnitt 1) kann entweder aufgrund von Bedarfswerten[4] oder Verbrauchswerten[4] erfolgen /13/. Geschieht die Losbildung b e d a r f s o r i e n t i e r t , können die Bedarfswerte für eine Position deterministisch oder stochastisch ermittelt werden. Bei der s t o c h a s t i s c h e n Ermittlung werden Bedarfswerte aus Verbrauchswerten prognostiziert /13/. Zur Abdeckung von Vorhersagefehlern werden hohe Sicherheitsbestände benötigt. Diese Form der Bedarfsermittlung eignet sich daher nur für Positionen mit geringem Wert oder unbekannter Nachfragesituation. Beide Bedingungen sollen in der vorliegenden Arbeit nicht vorausgesetzt werden. Deshalb braucht die stochastische Bedarfsermittlung im folgenden auch nicht näher betrachtet zu werden. Bei der d e t e r m i n i s t i s c h e n Bedarfs-

---

1) Häufig werden die Teilsysteme auch mit Mengen- und Terminplanung /11/ bzw. die Zeitwirtschaft mit Kapazitätswirtschaft oder Kapazitätsplanung /7/ bezeichnet.
2) Position ist der Überbegriff für Erzeugnis, Halbfertigerzeugnis, Rohmaterial und Kaufteil.
3) Unter Bereitstellungstermin wird der Termin verstanden, zu dem die Menge der Position zur (Weiter-)Verarbeitung bzw. zum Versand bereitstehen muß. Häufig wird dazu auch Fälligkeitstermin /12/ gesagt.
4) Geplanter Verbrauch wird als Bedarf bezeichnet.

ermittlung sind Fertigungsstücklisten[1] erforderlich. Es soll hier
vorausgesetzt werden, daß die Gesamtheit der Fertigungsstücklisten
aller Enderzeugnisse in Form eines G o z i n t h o g r a p h e n
/13/ vorliegt. Der Gozinthograph hat folgende im weiteren benötigte
Eigenschaften:

- Eine in mehreren Fertigungsstücklisten auftretende Position wird
  nur   e i n m a l   aufgeführt. Damit ist sofort erkennbar, in
  welchen Positionen diese Position verbaut wird.

- Der Gozinthograph ist nach   D i s p o s i t i o n s s t u f e n
  geordnet, d.h. jede Position ist auf der Fertigungsstufe[2] ihrer
  f r ü h e s t e n   Verwendung, vom Rohmaterial/Kaufteil ausgehend,
  angesiedelt. Die Dispositionsstufen werden auf der Stufe der Enderzeugnisse beginnend von Null an fortlaufend durchnummeriert.

Mit Einführung der Dispositionsstufe können weitere Begriffe festgelegt werden. Die   ü b e r   einer Position liegende Dispositionsstufe
bezeichnet die Dispositionsstufe in Richtung Enderzeugnis. Die
u n t e r   einer Position liegende Dispositionsstufe bezeichnet die
Dispositionsstufe in Richtung Rohmaterial.   O b e r p o s i t i o n
bezeichnet eine Verwendung auf der über einer betrachteten Position
liegenden Dispositionsstufe. Entsprechendes gilt für   V o r p o s i -
t i o n .

---

1) Im Gegensatz zu Konstruktionsstücklisten, die aus konstruktiven
   Gesichtspunkten erstellt werden, sind Fertigungsstücklisten auf
   die Belange der Planung zugeschnitten /13/. Es kann Positionen
   geben, die in der Fertigungsstückliste nicht vorhanden, aber in
   der Konstruktionsstückliste vorhanden sind (z. B. Zustände nach
   bestimmten Arbeitsgängen). Umgekehrt gibt es Positionen, die in
   der Fertigungsstückliste vorhanden sind, aber nicht in der Konstruktionsstückliste (z.B. kann es bei Fertigung in mehreren Wer-
   ken sinnvoll sein, die konstruktiv gleiche Position in der Fertigungsstückliste zweimal aufzuführen, abhängig davon, ob sie
   sich in dem einen oder anderen Werk befindet).

2) Im Gegensatz zum Gozinthographen mit Dispositionsstufen können
   Fertigungsstücklisten nach Fertigungs-/Baustufen gegliedert sein
   /13/. Die Fertigungsstückliste nach Fertigungsstufen ist nach der
   logischen Abfolge des Zusammenbaus eines Enderzeugnisses gegliedert. Jede Position (außer Enderzeugnissen) steht eine Stufe
   tiefer als die Position, in der sie verbaut wird. Damit kann eine
   Position - Mehrfachverwendung vorausgesetzt - verschiedene Fertigungsstufen besitzen.

Zusätzlich zu Fertigungsstücklisten muß für die bedarfsorientierte
Vorgehensweise der P r i m ä r b e d a r f (Bedarf an Enderzeugnissen) über einen bestimmten zukünftigen Zeitraum (P l a n u n g s -
h o r i z o n t) gegeben sein[1]. Der Bedarf der Positionen, die
nicht Enderzeugnisse sind, wird auf folgende Weise ermittelt:

- Es werden alle Oberpositionen einer Position, für die der Bedarf
  errechnet werden soll, betrachtet.

- Zunächst werden die Lose der Oberpositionen um die Durchlaufzeit[2]
  in Richtung Gegenwart verschoben. Dadurch wird für diese Lose auch
  der früheste Starttermin[3] bestimmt.

- Anschließend wird jedes Los der Oberpositionen mit dem Mengenfaktor[4]
  multipliziert.

- Die verschobenen und multiplizierten Lose aller Oberpositionen werden
  addiert.

Dieser Vorgang wird B r u t t o b e d a r f s e r m i t t l u n g
genannt. Anschließend wird in der N e t t o b e d a r f s e r m i t t
l u n g der v e r f ü g b a r e B e s t a n d [5] vom Bruttobedarf subtrahiert. Zur Abkürzung wird im folgenden i.d.R. der Nettobedarf mit Bedarf, der verfügbare Bestand mit Bestand bezeichnet.
Durch Bündelung der Nettobedarfswerte, d.h. Zusammenfassung über einen
zukünftigen Zeitraum, werden dann Lose gebildet.

---

1) Der Primärbedarf kann sowohl deterministisch (aufgrund bestehender
   Kundenaufträge) als auch stochastisch (durch Prognose) ermittelt
   sein. Auch eine Kombination beider Verfahren ist möglich: im gegenwartsnahen Bereich des Planungshorizonts deterministisch, im gegen-
   wartsfernen Bereich stochastisch.

2) Durchlaufzeit ist die Zeit, die im ungünstigsten Fall zur Produk-
   tion/Beschaffung der Losgröße benötigt wird. Im Beschaffungsbe-
   reich wird die Durchlaufzeit auch Wiederbeschaffungszeit genannt.

3) Der früheste Starttermin wird häufig auch Freigabetermin genannt /33/

4) Der Mengenfaktor sagt aus, wie oft eine Position in einer Oberposition verwendet wird.

5) Verfügbarer Bestand = Gesamtbestand - Sicherheitsbestand - reser-
   vierter Bestand.
   Gesamtbestand = Lagerbestand + Werkstattbestand + (ggf.) offene
   Bestellungen.

Geschieht die Losbildung v e r b r a u c h s o r i e n t i e r t ,
so wird k e i n e Bedarfsrechnung benötigt. Die Lose werden aufgrund der Bestandshöhe, die sich aus dem Verbrauch ergibt, und/oder nach
festen Zeitintervallen gebildet.

Die Z e i t w i r t s c h a f t basiert auf den in der Materialwirtschaft gebildeten Losen. Ausgehend vom Bereitstellungstermin eines Loses
werden anhand des Arbeitsplanes für die betreffende Position die Starttermine der einzelnen Arbeitsgänge ermittelt (R ü c k w ä r t s t e r -
m i n i e r u n g). Das gleiche geschieht ausgehend vom frühesten
Starttermin des Loses (V o r w ä r t s t e r m i n i e r u n g).
Vorwärtsterminierung und Rückwärtsterminierung werden als D u r c h -
l a u f t e r m i n i e r u n g bezeichnet /14/. Die Durchlaufterminierung geschieht ohne Berücksichtigung von Kapazitätsgrenzen. Ergibt die Durchlaufterminierung, daß das Los terminlich so nicht mach-
bar ist, müssen die Arbeitsgänge gesplittet oder überlappt werden,
oder die Übergangszeiten[1] reduziert werden. Im ungünstigsten Falle
muß die Losgröße und/oder der Lostermin geändert werden. Alle diese
Maßnahmen müssen m a n u e l l ggf. unter Beachtung ihrer mehrstufigen Auswirkungen angestoßen werden[2]. Basierend auf dem Termin
der Vorwärtsterminierung werden die Arbeitsgänge den einzelnen A r -
b e i t s p l a t z g r u p p e n [3] zugeordnet. Jedem Z e i t -
a b s c h n i t t [4] wird die durch den Arbeitsgang verursachte
Belastung[5] zugewiesen. Anschließend wird die Belastung, die durch

---

1) Rüsten, Transport, Liegezeit

2) Nur der Anstoß muß manuell erfolgen. Die Durchführung wird von
   der entsprechenden EDV-Funktion vorgenommen.

3) Unter Arbeitsplatzgruppe wird eine für die Fertigungssteuerung
   nicht mehr feiner unterteilbare aber auch nicht weiter zusammen-
   faßbare Gruppe von Betriebsmitteln (siehe Abschnitt 2.1) verstanden. Eine Arbeitsplatzgruppe setzt sich i.d.R. aus mehreren
   gleichen Einzelmaschinen zusammen.

4) Unter Zeitabschnitt wird eine Einheit des in gleichlange Inter-
   valle unterteilten Planungshorizonts verstanden.

5) Beispiel: Am X. Tag wird die Arbeitsplatzgruppe "Dreherei" durch
   den Arbeitsgang "Drehen" des Loses Y mit Z Stunden belastet.

a l l e   A r b e i t s g ä n g e   in einer Arbeitsplatzgruppe entsteht, durch Addition der Einzelbelastungen ermittelt. Diese Berech-
nungen werden unter dem Begriff   B e l a s t u n g s r e c h n u n g
zusammengefaßt. Belastungsberge bzw. -täler müssen dann, soweit notwendig, durch Verschieben von Arbeitsgängen ausgeglichen werden. Der
Anstoß zum Verschieben hat   m a n u e l l   zu erfolgen. Diese Aktivitäten werden   K a p a z i t ä t s t e r m i n i e r u n g   genannt[1].

Das   Z i e l   der   M a t e r i a l w i r t s c h a f t   ist es,
ausgehend vom Primärbedarf, den Bedarf für   a l l e   Positionen
zu berechnen und die   V e r f ü g b a r k e i t   jederzeit sicher-
zustellen. Dazu bildet sie für die Positionen Lose. Die Lose gehen
zumindest teilweise in den Bestand über. Dagegen betrachtet die
Z e i t w i r t s c h a f t   nur die   T e i l e   (und nicht die
Baugruppen) mit dem Ziel, die in der Materialwirtschaft errechneten
Termine im Hinblick auf die Kapazitätskonkurrenz zu verbessern, ohne
die in der Materialwirtschaft berechneten Mengen selbständig zu verändern. Im Gegensatz zur Materialwirtschaft werden Beschaffung und
Montage vollständig ausgeklammert, da dort ein ausreichend hohes
Kapazitätsangebot vorausgesetzt wird. Damit vernachlässigen aber so-
wohl Material- als auch Zeitwirtschaft wesentliche Aspekte der Koordination:

- Die Materialwirtschaft berücksichtigt nur ungenügend die Kapazitätskonkurrenz.

- Die Zeitwirtschaft berücksichtigt nicht die Mengensituation, die
  sich aus der kapazitiv abgestimmten, detaillierten Terminsituation
  ergibt.

Fertigungssteuerungssysteme mit obigen Merkmalen werden   k o n -
v e n t i o n e l l e   Fertigungssteuerungssysteme genannt. Ihre
wichtigsten Charakteristika werden in Bild 2.3 zusammengefaßt.

---

1) In älteren Fertigungssteuerungssystemen wurde versucht, die
   Kapazitätsterminierung ebenfalls EDV-mäßig abzuwickeln (z. B.
   in CAPOSS /15/). Derartige Systeme erwiesen sich jedoch als zu
   schwerfällig und komplex, um in der Praxis Fuß zu fassen.

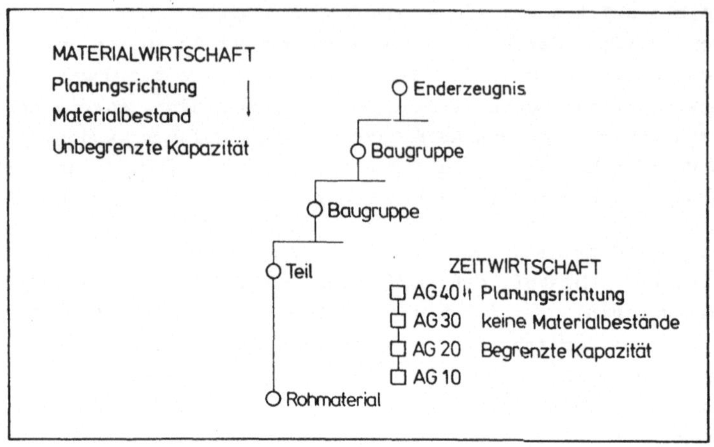

Bild 2.3: Charakteristika konventioneller Fertigungssysteme

Für die Einzel-/Kleinserienfertigung ist die Vorgehensweise konventioneller Fertigungssteuerungssysteme völlig ausreichend und unter Aufwandsgesichtspunkten sogar sinnvoll /35/. Den Anforderungen der Großserienfertigung sind die konventionellen Fertigungssteuerungssysteme jedoch   n i c h t   gewachsen. Da in der Materialwirtschaft keine Kapazitätskonkurrenz betrachtet wird, müssen die Durchlaufzeiten   g r o ß z ü g i g   bemessen werden, um das Risiko von K a p a z i t ä t s k o n f l i k t e n [1] global abzudecken. Bei dem hohen Materialdurchsatz in der Großserie führen aber großzügig bemessene Durchlaufzeiten zu hohen Bestandspuffern, da das Material oft   z u   f r ü h   bereitgestellt wird. Da in der Zeitwirtschaft die Bestandssituation unberücksichtigt bleibt, ist ein gezielter   A b b a u   der in der Materialwirtschaft geplanten hohen Bestandspuffer unmöglich. Selbst bei Berücksichtigung der

---

1) Unter einem Kapazitätskonflikt wird eine gleichzeitige oder teilweise gleichzeitige geplante Belegung einer Arbeitsplatzgruppe mit Losen verschiedener Positionen verstanden.

Bestandssituation wäre ein gezielter Abbau der Bestände durch die
in der Zeitwirtschaft nicht veränderbaren Mengen erheblich   e i n -
g e s c h r ä n k t [1].

Um die Bestände im Griff zu halten, ist bei der Großserie eine exakte, terminliche Abstimmung von Beschaffung, Teilefertigung und
Montage auf die tatsächlichen betrieblichen Gegebenheiten (Kapazitäten)
notwendig. Statt auf jeder Stufe eine globale Durchlaufzeitverschie-
bung durchzuführen, ist innerhalb der Materialwirtschaft auf jeder
Stufe eine Funktion Zeitwirtschaft notwendig, die die Kapazitätskonkurrenz detailliert berücksichtigt und die Mengenänderungen zuläßt. Im
Gegensatz zu der konventionellen seriellen Vorgehensweise, bei der
e r s t   die Materialwirtschaft abläuft und   d a n n   die Zeitwirtschaft, wird diese Vorgehensweise   p a r a l l e l   genannt[2]
(siehe Bild 2.4). Eine detaillierte Betrachtung der Teilefertigung
auf Arbeitsgangebene ist nicht notwendig, weil ein Teil in der Regel
nur in einer Stelle bearbeitet wird (Bearbeitungszentren, Fertigungslinien). Im Gegensatz zu konventionellen Fertigungssteuerungssystemen
werden derartige Fertigungssteuerungssysteme   k a p a z i t ä t s -
o r i e n t i e r t e   F e r t i g u n g s s t e u e r u n g s -
s y s t e m e   genannt.

---

1) Terminliche Veränderungen eines Loses zur Beseitigung von Kapazitätskonflikten könnten nur durch Verschieben und Vorziehen dieses
   Loses erreicht werden. Vorziehen bedeutet erhöhte Bestände, Verschieben ist begrenzt durch den Termin, zu dem kein Bestand mehr
   vorhanden ist. Wären dagegen Mengenänderungen zulässig, so könnte
   das Verschieben und Vorziehen eines Loses durch Vergrößern oder
   Verkleinern des vorhergehenden Loses erreicht werden. Damit wäre
   die Beseitigung von Kapazitätskonflikten bei immer minimalen Beständen möglich.

2) Für das Begriffspaar (seriell, parallel) finden sich auch die
   Begriffspaare (sukzessive, simultan) /16/.

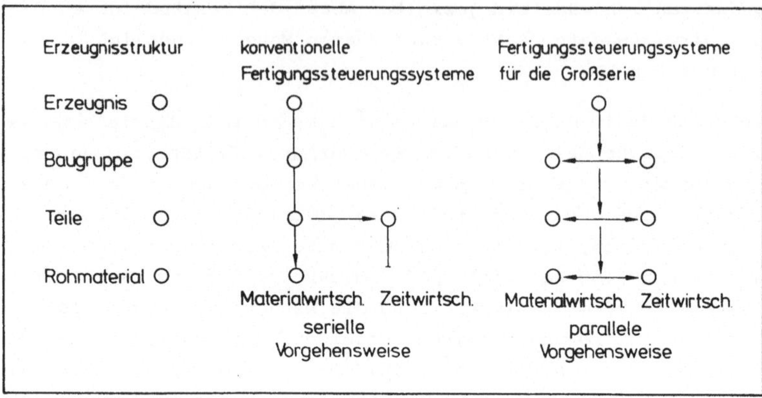

Bild 2.4: Serielle und parallele Vorgehensweise bei Fertigungssteuerungssystemen

Ziel dieser Arbeit ist es, einen L o s b i l d u n g s a l g o -
r i t h m u s (Abschnitt 1) zu entwickeln, der als Teilfunktion in
einem kapazitätsorientierten Fertigungssteuerungssystem für die Großserie[1] einsetzbar ist. Wie in Abschnitt 2.2 gezeigt, muß er damit b e -
g r e n z t e K a p a z i t ä t berücksichtigen und mit so g e -
r i n g e n B e s t ä n d e n wie möglich planen. Um praktische
Einsetzbarkeit zu gewährleisten, soll der Algorithmus möglichst
g e r i n g e n R e c h e n a u f w a n d verursachen[2].

Zur Entwicklung eines solchen Algorithmus werden die schon b e -
s t e h e n d e n A l g o r i t h m e n , die zur Losbildung herangezogen werden können, auf zwei Prinzipien, B e s t e l l p u n k t
und B e s t e l l r h y t h m u s , reduziert. Aus der Analyse dieser beiden Prinzipien werden die A n f o r d e r u n g e n an den
hier zu entwickelnden Algorithmus abgeleitet. Auf der Basis der Anforderungen werden die beiden Prinzipien Bestellpunkt und Bestellrhythmus zu einem neuen Prinzip k o m b i n i e r t . Auf Grundlage
dieses Prinzips wird dann der Algorithmus entworfen.

---

1) Ein solches Fertigungssteuerungssystem wird in /17/ entwickelt.

2) Geht man von minimalen Beständen aus, so ist höchste Planungs-
   aktualität von größter Wichtigkeit, um ständig verfügbar zu
   sein. Die hohe Änderungshäufigkeit in der Großserienfertigung
   (siehe Abschnitt 2.1) führt daher zu einem kurzen Planungszyklus (etwa täglich). Ein kurzer Planungszyklus ist nur dann
   möglich, wenn auch die Planungsdauer im Verhältnis zum Planungszyklus kurz ist. Bei dem hohen abzuarbeitenden Daten-
   volumen - mehrstufige Linienfertigung vorausgesetzt - ist deshalb für die Einsetzbarkeit eines Losgrößenbildungsverfahrens
   in der Praxis Bedingung, daß es möglichst geringen Planungsaufwand verursacht.

Zur Losbildung bei begrenzter Kapazität muß bekannt sein, welche Positionen um welche Kapazität konkurrieren. Dazu müssen Positionen einer K a p a z i t ä t s e i n h e i t zugeordnet werden. Eine Kapazitätseinheit wird als ein einzelner "Kanal"[1], nicht als parallele, sequentielle oder gemischte Anordnung mehrerer "Kanäle" (z. B. Bearbeitungsmaschinen wie Drehautomaten usw.) verstanden. Bezüglich einer Kapazitätseinheit sind alle zugeordneten Positionen insofern gleich, als sie

- a l l e Stationen der Kapazitätseinheit (z.B. Station einer Pressenstraße) belegen,

- auf allen Stationen einheitliche Taktzeit besitzen (ggf. feste Verkettung)

- keine Station mehrmals belegen.

So überspringt keine Position einzelne Bearbeitungsstationen. Der Arbeitsprozeß in der Kapazitätseinheit wird nicht unterbrochen (keine Zwischenlagerung) und die Positionen können sich in einem Kanal nicht gegenseitig überholen. Die Reihenfolge der Positionen im Output ist also vollkommen identisch mit der im Input. Eine Kapazitätseinheit kann wie eine einzige Bearbeitungsstation betrachtet werden, ohne daß dadurch irgendwelche Ungenauigkeiten entstünden. Dieser Sachverhalt läßt sich im Beispiel wie folgt darstellen (siehe Bild 4.1): Der Kapazitätseinheit sind die Positionen 1, 2 und 3 zugeordnet. Dem eindeutig bestimmbaren K a p a z i t ä t s a n g e b o t der Kapazitätseinheit stehen eindeutige Kapazitätsbedarfswerte gegenüber. Für jede Position kann die spezifische Ausbringung je Zeitabschnitt auf der Kapazitätseinheit angegeben werden.

Parallele Produktion oder Kuppelproduktion (auf der Kapazitätseinheit werden mehrere Positionen gleichzeitig gefertigt) sind damit ausgeschlossen. Alleinige Produktionsform ist die a l t e r n a t i v e P r o d u k t i o n ,   d.h. zu einem bestimmten Zeitpunkt kann nur

---

1) "Kanal" wird hier im Sinne der Warteschlangentheorie/Bedienungstheorie gebraucht.

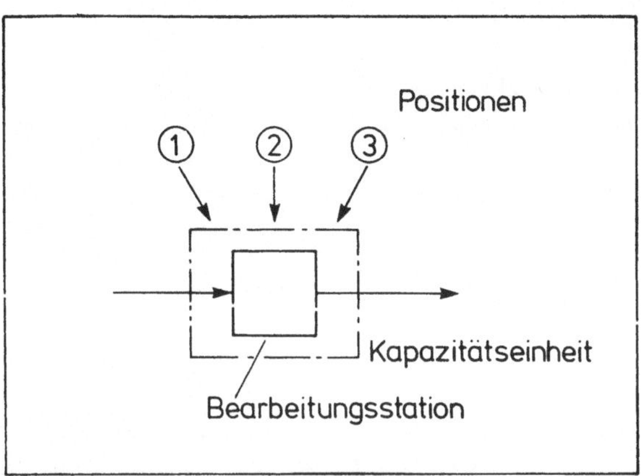

Bild 4.1: Darstellung der Kapazitätseinheit

eine Position erzeugt werden /18/[1]. Die Anzahl Einheiten einer Position, die ohne Unterbrechung durch die Fertigung einer anderen Position hergestellt wird, soll   L o s g r ö ß e   genannt werden (siehe
auch Abschnitt 2.1).

Es wird vorausgesetzt, daß zur   U m s t e l l u n g   der Produktion
a u f   eine Position Kosten entstehen. Diese Kosten werden   R ü s t -
k o s t e n   dieser Position genannt. Rüstkosten sollen als   n i c h
r e i h e n f o l g e a b h ä n g i g   angenommen werden. Um die Summe aus Rüst- und   K a p i t a l b i n d u n g s k o s t e n[2] mög-

---

1) Damit wird unter Kapazitätseinheit etwas anderes verstanden als
   unter Arbeitsplatzgruppe konventioneller Fertigungssteuerungssysteme (Abschnitt 2.2). Eine Arbeitsplatzgruppe setzt sich aus
   mehreren gleichartigen Betriebsmitteln (Kapazitätseinheiten) zusammen. Hier ist also sowohl parallele Produktion als auch Kuppelproduktion möglich.

2) Die Lagerung einer Position erfordert Lagerhaltungskosten, die
   sich aus Kapitalbindungskosten und Lagerkosten zusammensetzen.
   Kapitalbindungskosten sind Zinsen auf das in Beständen gebundene
   Kapital. Lagerkosten sind alle Kosten, die durch die Einrichtung
   und Betreibung eines Lagers entstehen (z. B. Raumkosten, Personal-
   kosten, Miete, Abschreibung, Versicherung).
   Da die Kapitalbindungskosten den größten Anteil der verschiedenen
   Kostenarten der Lagerhaltung darstellen (siehe /19/), wird im
   folgenden für Lagerhaltungskosten ausschließlich der Begriff
   Kapitalbindungskosten verwendet.

lichst gering zu halten, müssen mehrere zeitlich aufeinanderfolgen-
de Bedarfsmengen einer Position zu einem Los z u s a m m e n g e -
f a ß t   werden. Es wird vorausgesetzt, daß die Losbildung in einem
Planungshorizont stattfindet, der in gleich lange Zeitabschnitte
(siehe Abschnitt 2.2) eingeteilt ist. Damit können zwei Fälle unterschieden werden: die Wechselfließfertigung und die Stoßfertigung.

Die zeitlich dichtest mögliche Verteilung der Lose einer Position ist
dann gegeben, wenn aufgrund kleiner Losgrößen oder langer Zeitabschnitte für   j e d e n   Zeitabschnitte im Planungshorizont ein Los
zu bilden ist. Dieser Fall soll mit   W e c h s e l f l i e ß f e r -
t i g u n g   bezeichnet werden. Konkret bedeutet dies, daß der Zeitraum, über den der Bedarf zusammenzufassen ist, gleich einem Zeitabschnitt oder kleiner als dieser ist. Im Belegungsplan[1] ist dann nicht
mehr erkennbar, wann innerhalb eines Zeitabschnittes die Produktion
einer Position begonnen und beendet wird und in welcher Reihenfolge
die Positionen gefertigt werden sollen.

Mit anderen Determinanten wird das Ergebnis der Losgrößenbildung zu
weniger dicht verteilten Losen führen. Hier treten Zeitabschnitte auf,
in denen zu einer Position kein Los vorliegt. In diesem Fall soll von
S t o ß f e r t i g u n g   gesprochen werden.

Beispiel:

R ... Rüstkosten	1	DM
S ... Stückkosten	100	DM
B ... Bedarf/Jahr	100 000	Stück/Jahr
$\overset{\wedge}{=}$	500	Stück/Tag
Z ... kalkul. Zinssatz	10	%

Losgrößenformel nach Andler /8/:

$$x = \sqrt{\frac{200 \cdot R \cdot B}{Z \cdot S}} = 140 \text{ Stück}$$

Ergebnis: Es sind ca. 3,5 Lose/Tag zu fertigen.

---

1) Der Belegungsplan wird je Kapazitätseinheit erstellt.
   Er weist zeitabschnittsgenau aus, welche Positionen
   die Kapazitätseinheit wie lange belegen.

Handelt es sich bei den Zeitabschnitten um Tage, liegt in
diesem Beispiel Wechselfließfertigung vor, bei Stunden
Stoßfertigung.

Die Bearbeitungsdauer für ein Los (L o s d a u e r) ist bei der
Stoßfertigung im Gegensatz zur Wechselfließfertigung in der Regel
länger als ein Zeitabschnitt. Das Ergebnis der Losbildung bei Stoßfertigung ist also der Start- und Ende-Zeitabschnitt sowie die
Menge eines Loses, bei Wechselfließfertigung dagegen nur die je
Zeitabschnitt zu fertigende Menge einer Position. Bei der Stoßfertigung muß die Losbildung eine Reihenfolge festlegen, bei Wechselfließfertigung nicht.

Für den Entwurf des Algorithmus soll Stoßfertigung vorausgesetzt
werden.

5   <u>Entwicklung von Prinzipien zur kapazitäts-
        orientierten Bildung von Losen</u>

Ziel des vorliegenden Abschnittes ist, Prinzipien für einen kapazitätsorientierten Losbildungsalgorithmus zu entwickeln. Dazu werden zunächst
Prinzipien bestehender Losbildungsalgorithmen hinsichtlich der gesetzten
Ziele untersucht. Aus den daraus gewonnenen Erkenntnissen werden die
Anforderungen an einen kapazitätsorientierten Losbildungsalgorithmus
formuliert, um dann darauf aufbauend Prinzipien für den neu zu entwik-
kelnden Algorithmus entwerfen zu können.

5.1   <u>Prinzipien bestehender Losbildungsalgorithmen</u>

Wie in Abschnitt 2.2 dargelegt, gibt es zwei Vorgehensweisen zur Bestimmung von Produktionsmenge und -termin.

5.1.1   <u>Verbrauchsorientierte Vorgehensweise</u>

Arbeitet man   v e r b r a u c h s o r i e n t i e r t   (siehe Abschnitt 2.2), so ist der aktuelle Bestand im Lager bzw. das Herannahen
eines Termins der Anlaß, ein Los zu fertigen. Damit entfällt jegliche
Planung. Weder ein Planungshorizont noch eine Fertigungsstückliste
werden benötigt. In der Literatur (siehe z. B. /13/) werden verbrauchsorientierte Verfahren nach der Ausprägung der folgenden Merkmale klassifiziert:

- Bestimmung des Termins
  Ausprägung: Bestellpunkt, Bestellrhythmus

- Bestimmung der Menge
  Ausprägung: feste Menge, Auffüllen auf feste Lagerfüllhöhe (vari-
              able Losgröße).

Die möglichen Kombinationen dieser Ausprägungen werden mit Strategien
bezeichnet. Sie sind in Bild 5.1 dargestellt.

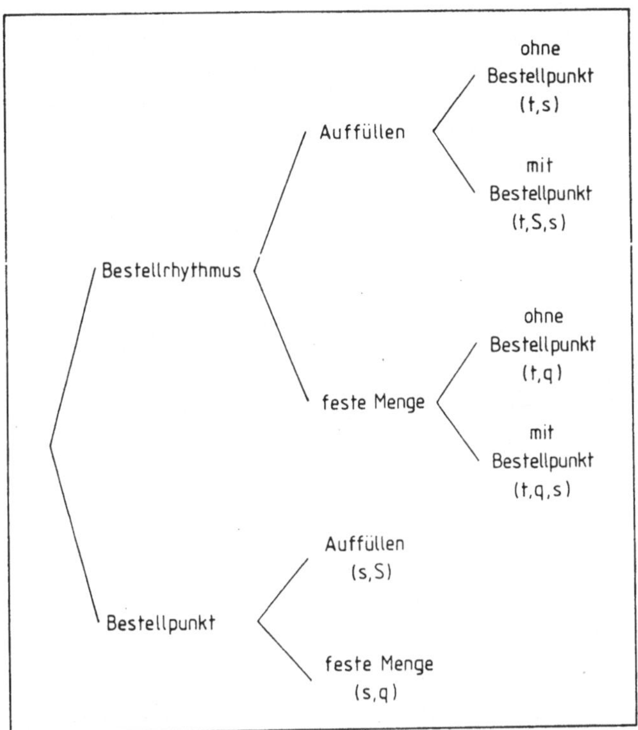

<u>Bild 5.1</u>: Strategien bei verbrauchsorientierter Vorgehensweise

Bild 5.2 zeigt die Bestandsverläufe bei der Anwendung der verschiedenen Strategien unter Annahme einer unendlichen Fertigungsgeschwindigkeit.

Bei der (s,q)-Strategie wird immer dann ein Los gefertigt, wenn ein bestimmter vorher festgelegter Bestellpunkt s erreicht ist. Die produzierte Menge ist eine vorher festgelegte Losgröße q. Bei starken Bedarfs schwankungen wird zur Absicherung des Risikos, nicht verfügbar zu sein, ein hoher Bestellpunkt s notwendig. Dies führt zu h o h e n   B e - s t ä n d e n .   Ferner ist der Fall nicht ausgeschlossen, daß zwei Positionen, die auf der gleichen Kapazitätseinheit hergestellt werden, zum gleichen Zeitpunkt ihren Bestellpunkt erreichen (Kapazitätskonflikt siehe Abschnitt 2.2). Dieses Risiko muß mit

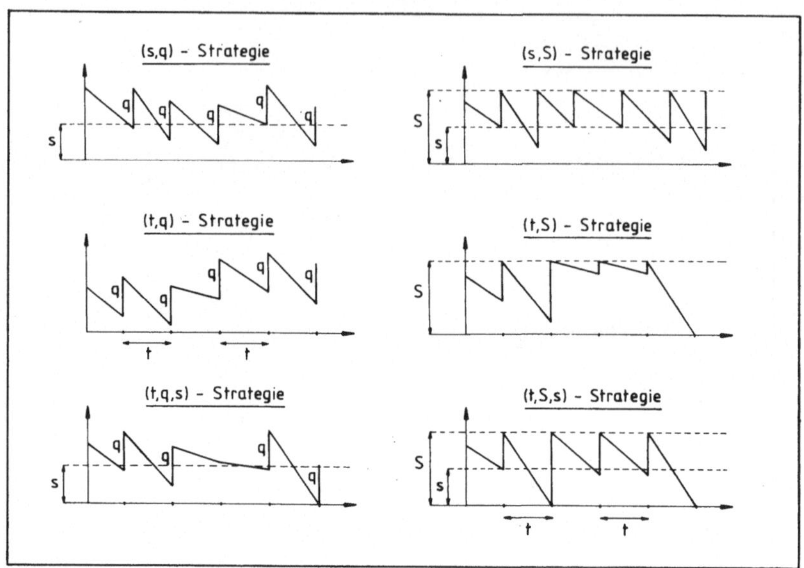

Bild 5.2: Bestandsverläufe bei den Strategien der verbrauchsorientierten Vorgehensweise

e r h ö h t e m   S i c h e r h e i t s b e s t a n d   abgedeckt werden.

Bei der (t,q)-Strategie wird immer dann ein Los gefertigt, wenn eine
bestimmte Zeit t vergangen ist. Die gefertigte Menge ist eine vorher
festgelegte Losgröße q. Werden die Zeitabschnitte t der verschiedenen
Positionen, die in Kapazitätskonkurrenz stehen, entsprechend gegeneinander versetzt, so können Kapazitätskonflikte in der Regel ausgeschlossen werden. Bei starken Bedarfsbergen kann jedoch der Fall auftreten, daß zwischen zwei Losbeginnterminen der Bedarf nicht vollständig gedeckt werden kann. Ferner führt die Strategie bei Bedarfstälern
zu sehr h o h e n   B e s t ä n d e n . Deswegen ist diese Strategie
u n r e a l i s t i s c h . Sie wurde durch die folgende Strategie
verbessert.

Bei der (t,q,s)-Strategie wird ein Los zwar in festen Zeitabständen t
gefertigt, aber nur dann, wenn der Bestellpunkt s unterschritten ist.
Dies führt zwar bei Bedarfstälern zu geringeren Beständen als bei der
(t,q)-Strategie, sind jedoch hohe Bedarfsberge zu erwarten, so muß ein

h o h e r   B e s t e l l p u n k t   s   vorgehalten werden.

Bei der (s,S)-Strategie wird auf eine feste Losgröße q verzichtet. Wenn der Bestellpunkt s erreicht ist, wird so viel gefertigt, daß eine vorher festgelegte Lagerbestandshöhe S erreicht wird. Dies bewirkt eine bessere Einhaltung der Sicherheitsbestände als beim (s,q)-Verfahren. Aber auch hier muß bei hohen Bedarfsschwankungen zur Abdeckung von möglichen Kapazitätskonflikten ein   h o h e r   S i c h e r h e i t s - b e s t a n d   vorgehalten werden.

Mit der (t,S)-Strategie wird in festen Abständen t so viel gefertigt, daß eine Menge S erreicht wird. Bei stark schwankendem Bedarf muß ein hoher Wert S vorgegeben werden, der zu   h o h e n   B e s t ä n d e n   führt. Ferner sind bei Bedarfstälern nur sehr kleine Losgrößen zu produzieren. Deswegen ist diese Strategie   u n r e a l i s t i s c h . Sie wird durch die folgende Strategie verbessert.

Bei der (t,S,s)-Strategie wird zwar immer nach einem bestimmten Zeitabschnitt t, aber nur falls ein Bestellpunkt s unterschritten ist, ein Los gefertigt. Aber auch hier ist bei hohen Bedarfsbergen ein   h o - h e r   B e s t e l l p u n k t   notwendig.

Insgesamt kann für die verbrauchsorientierte Vorgehensweise festgehalten werden, daß der Mangel an Information über zukünftig zu erwartenden Bedarf bei hohen Bedarfsbergen nur durch   h o h e   S i c h e r - h e i t s b e s t ä n d e   ausgeglichen werden kann. Bedarfstäler führen bei einigen Strategien zu unnötig   h o h e m   B e s t a n d   bzw. zu sehr kleinen Losgrößen. Der Auslauf einer Position ist verfahrensmäßig überhaupt nicht gelöst.

Damit eignet sich die verbrauchsorientierte Vorgehensweise nur, wenn

- die Positionen einen   n i e d r i g e n   W e r t   besitzen
- der Verbrauch über einen langen Zeitraum hinweg in hohem Maße
  k o n t i n u i e r l i c h   ist,
- Kapazitätskonflikte durch Bereitstellung   a u s r e i c h e n - d e r   Kapazität vermieden werden können.

Dann allerdings hat die verbrauchsorientierte Vorgehensweise gegenüber der bedarfsorientierten den Vorteil, daß sie erheblich weniger Aufwand verursacht.

Für die Großserienfertigung treffen diese Voraussetzungen jedoch im allgemeinen[1] nicht zu (siehe Abschnitt 2.1). Aus diesem Grunde ist die verbrauchsorientierte Vorgehensweise für die Großserienfertigung in der Regel   n i c h t   geeignet.

5.1.2   Bedarfsorientierte Vorgehensweise

Wird das Ziel "minimale Bestände" verfolgt (siehe Abschnitt 3), dann ist die   P l a n u n g ,   also die Orientierung am zukünftigen Verbrauch (Bedarf), immer dann notwendig, wenn

- die begrenzte Fertigungsgeschwindigkeit auf der betrachteten Dispositionsstufe (siehe Abschnitt 2.2) in Verbindung mit der zeitlichen Verteilung des Bedarfs aus der darüberliegenden Dispositionsstufe zu   N i c h t v e r f ü g b a r k e i t e n[2]   führen kann,

- der   A u s l a u f   eines Objektes nicht zur Verschrottung führen soll,

- eine Vorschau benötigt wird, um die   K a p a z i t ä t s k o n - k u r r e n z   planerisch bewältigen zu können.

Zwei Formen dieser   b e d a r f s o r i e n t i e r t e n   Vorgehensweise können unterschieden werden: Bestellpunkt- und Bestellrhythmusprinzip. Das   B e s t e l l p u n k t p r i n z i p   entspricht der

---

1) Die Ausnahme bilden DIN- oder sonstige Normteile, wie Schrauben, Unterlegscheiben usw. Sie haben nur geringen Anteil an den Gestehungskosten des Enderzeugnisses, ihr Verbrauch ist kontinuierlich und sie sind schnell beschaffbar. Bei diesen Positionen handelt es sich in der Regel nur um Kaufteile. Für Halbfabrikate treffen diese Voraussetzungen i.a. nicht zu. Für DIN- oder Normteile ermitteln bestehende Fertigungssteuerungssysteme den Bedarf nicht aus den Oberpositionen (siehe Abschnitt 2.2). Im Gegensatz zu der Mehrzahl der übrigen Positionen, wird die Losbildung für diese Positionen verbrauchsorientiert durchgeführt.

2) Unter einer Nichtverfügbarkeit wird verstanden, daß der Nettobedarf (siehe Abschnitt 2.2) einer Position im Planungshorizont in einem oder mehreren zusammenhängenden Zeitabschnitten nicht durch Lose gedeckt ist.

(s,q)-Strategie der verbrauchsorientierten Vorgehensweise (Abschnitt
5.1.1). Vom aktuellen verfügbaren Bestand (siehe Abschnitt 2.2) wird
der ermittelte Bruttobedarf zeitabschnittsgenau abgezogen. Zu dem
Termin, zu dem der Bestand aufgebraucht ist, wird ein Los eingeplant.
Von dem dadurch erhöhten Bestand wird zeitabschnittsgenau der Bruttobedarf abgezogen, bis der Bestand aufgebraucht ist und dann wieder ein
neues Los eingeplant. Dies wird bis zum Ende des Planungshorizontes
fortgeführt. Die Lostermine werden also aufgrund von zeitlich z u -
r ü c k l i e g e n d e n Bedarfswerten ermittelt. Trotz Verwendung
eines Planungshorizontes kann das Bestellpunktprinzip bei Kapazitätskonflikten zu Nichtverfügbarkeiten führen, die nur durch generell erhöhte Bestände gelöst werden (großzügig bemessene Durchlaufzeiten,
siehe Abschnitt 2.2). Im Gegensatz zur verbrauchsorientierten Vorgehensweise ermöglicht die Planung jedoch verbesserte Algorithmen zur
Festlegung der Losgröße. So begrenzt z. B. der Part-Period-Algorithmus
(siehe /20/) die Losgröße immer auf den vorhandenen Bedarf, d.h. ohne
Bedarf wird kein Los eingeplant. Damit kann auch der Auslauf einer
Position berücksichtigt werden.

Das B e s t e l l r h y t h m u s p r i n z i p ist mit den t-
Strategien der verbrauchsorientierten Vorgehensweise (Abschnitt 5.1.1)
verwandt. Die Lose einer Position werden zu festen Terminen in festen
L o s a b s t ä n d e n eingeplant (z. B. jeden Mittwoch). Der Abschnitt des Planungshorizontes vom Beginn eines Loses bis zum Beginn
des Folgeloses einer Position wird Z y k l u s genannt. Die Zyklen
werden, von O beginnend, fortlaufend durchnumeriert. Der O. Zyklus ist
der Abschnitt des Planungshorizontes vom Heute-Zeitpunkt bis zum ersten
Los der Position. Die Losgröße ermittelt sich aus dem Bedarf im jeweiligen Zyklus. Sie wird also aufgrund von zeitlich f o l g e n d e n
Bedarfswerten berechnet. Sind die Zyklen der Positionen gegeneinander
versetzt (siehe Abschnitt 5.1.1), so wird mit diesem Prinzip im Nor-
malfall[1] die K a p a z i t ä t s k o n k u r r e n z ohne zusätz-

---

1) Bei hohen Bedarfsbergen und knapper Kapazität müssen auch hier
   Sicherheitsbestände aufgrund der Planungsungenauigkeit ("Planungs-
   bestände") wie beim Bestellpunktverfahren vorgehalten werden.
   Die Sicherheitsbestände müssen beim Bestellrhythmusverfahren
   nicht so hoch wie beim Bestellpunktverfahren sein, da die Wahrscheinlichkeit von Konflikten geringer ist.

liche Bestände   g e r e g e l t .   Beim Bestellrhythmusprinzip kann
eine exakte terminliche und mengenmäßige   m e h r s t u f i g e   Abstimmung erfolgen und damit mit minimalen Durchlaufzeiten gearbeitet
werden. Es eignet sich also wesentlich besser als das Bestellpunktprinzip zur mehrstufigen Kapazitätsbetrachtung (Abschnitt 2.1), die
für die Großserie notwendig ist.

Zwei wesentliche Schwächen allerdings besitzt das Bestellrhythmusprinzip:

- Innerhalb der Durchlaufzeit vom Rohmaterialeingang bis zur betrachteten Dispositionsstufe darf sich der Bedarf nicht - z. B. durch
  einen geänderten Primärbedarf - erhöhen. Grund dafür ist die vorausschauende Fertigung, bei der die Losgröße immer auf den zeitlich
  folgenden Bedarf abgestimmt ist. Das bedeutet, daß   B e d a r f s -
  ä n d e r u n g e n   nur in Richtung   G e g e n w a r t   Reaktionen bewirken (siehe Bild 5.3). Die Loskorrektur erfolgt   v o r -
  a u s s c h a u e n d ,   nicht   n a c h r e g u l i e r e n d .
  Damit rücken Auswirkungen von Bedarfserhöhungen über mehrere Dispositionsstufen immer näher an die Gegenwart, und es wird irgendwann
  u n m ö g l i c h ,   die Auswirkungen z. B. beim Rohmaterial oder
  in der Teilefertigung durch Erhöhung der Losgröße aufzufangen. Kann
  p l a n e r i s c h   nicht mehr reagiert werden, ist letztlich
  nur noch der Primärbedarf zu verschieben[1]. Dieser Nachteil ist
  aber die Konsequenz der beim Bestellrhythmusprinzip genau auf den
  Bedarf abgestimmten Fertigung und einer Organisation, die die Bestände minimieren und lange Durchlaufzeiten verhindern möchte. Das
  Bestellpunktprinzip ist hier wesentlich flexibler, weil lediglich
  mit dem   V o r z i e h e n   des folgenden Loses reagiert wird
  (siehe Bild 5.3). Beim Bestellpunktprinzip wirken sich also Bedarfsänderungen   n i c h t   in Richtung Gegenwart aus, da eine einmal
  bestimmte Losgröße   f e s t   bleibt, unabhängig davon, ob sich der
  folgende Bedarf ändert. Die Loskorrektur erfolgt also nicht   v o r -
  a u s s c h a u e n d ,   sondern   n a c h r e g u l i e r e n d .
  Damit müssen im Gegensatz zum Bestellrhythmusprinzip die Termine

---

1) Dies ist selbstverständlich eine unerwünschte Konsequenz, da
   damit ein Kunde nicht rechtzeitig beliefert werden kann.

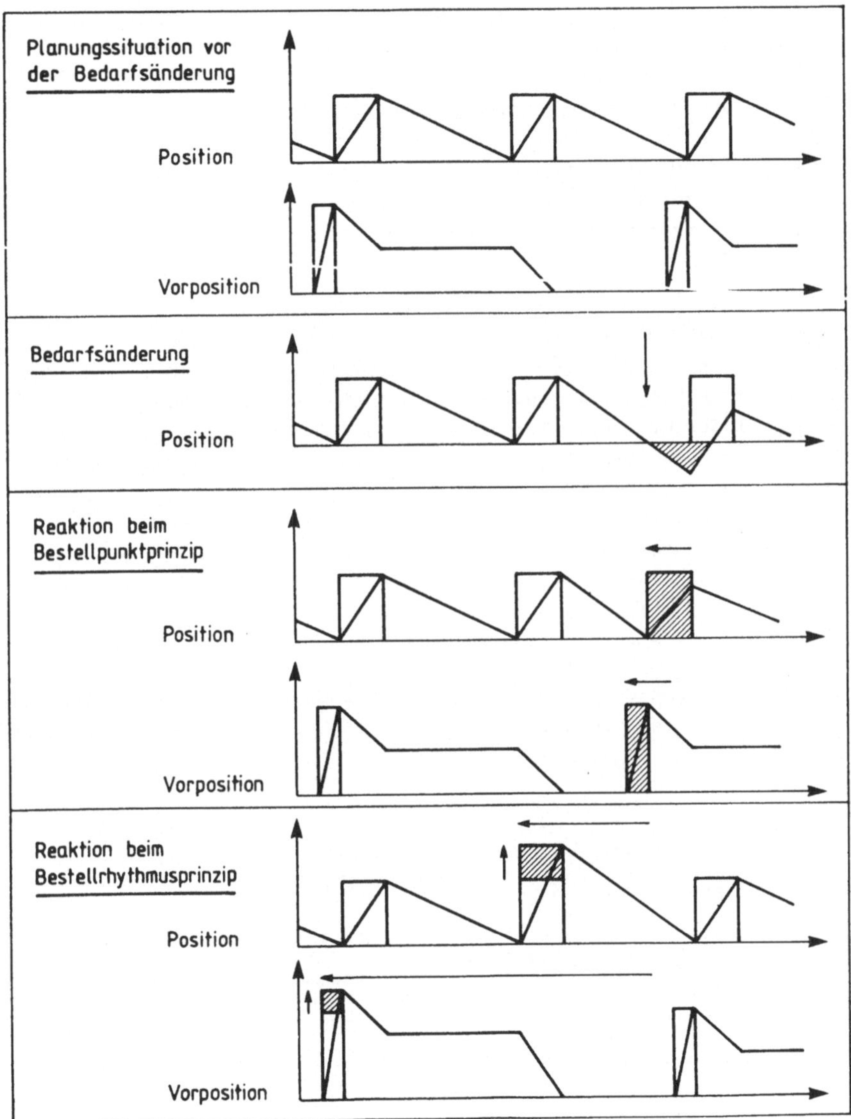

Bild 5.3: Auswirkungen von Bedarfsänderungen

v a r i a b e l   werden. Das Los nach der Bedarfserhöhung wird
vorgezogen.

- Die Vorgabe von festen Zyklen beim Bestellrhythmusprinzip bedeutet indirekt die   R e s e r v i e r u n g   von Kapazität für
  eine Position. Die Kapazität steht damit für andere Positionen
  nicht mehr zur Verfügung[1] . Bei starken Bedarfstälern kann die
  dann ungenutzte Kapazität einen nicht mehr tolerierbaren Umfang
  annehmen[2] .

Das Bestellrhythmusprinzip ist damit das gegebene Prinzip für eine
M a s s e n f e r t i g u n g [3] ,   bei der keine   k u r z f r i -
s t i g e n   Änderungen des Primärbedarfs zu befürchten sind, die
auf unteren Dispositionsstufen zu Nichtverfügbarkeiten führen würden. Bei der Großserienfertigung ist diese Regelmäßigkeit jedoch
n i c h t   gegeben. Hier muß mit kurzfristigen mengenmäßigen Veränderungen gerechnet werden (siehe Abschnitt 2.1). Da die Verschiebung von Primärbedarf in die Zukunft im allgemeinen nicht zulässig
ist, können diese Änderungen ebenfalls nur mit   e r h ö h t e n
Beständen abgefangen werden. Die Anwendung des Bestellrhythmusprinzips auf allen Dispositionsstufen läßt damit ebenfalls   k e i -
n e   m i n i m a l e n   B e s t ä n d e   zu.

Das Bestellpunkt- und das Bestellrhythmusprinzip bilden die Grundlage der meisten heute in der Praxis eingesetzten bedarfsorientierten

---

1) Wird beispielsweise entschieden, daß eine Position jede Woche
   Montag und Dienstag gefertigt wird, so kann an diesen Tagen
   keine andere Position eingeplant werden.

2) Wird beispielsweise entschieden, Position 1 jede Woche, Montag
   und Dienstag zu fertigen, da sie im Jahresdurchschnitt eine
   Losdauer (siehe Abschnitt 4) von 2 Tagen je Woche hat und beträgt der Bedarf für eine bestimmte Woche einmal nur 1/2 Tag,
   so steht die Kapazitätseinheit 1,5 Tage leer.

3) Zur Definition von Massenfertigung siehe /2/.

Algorithmen zur Losbildung[1]. Das Bestellpunktprinzip bildet sowohl in allen konventionellen Fertigungssteuerungssystemen[2] (vgl. Abschnitt 2.2) als auch in der klassischen Literatur der Materialwirtschaft (z. B. /13/, /21/) die Grundlage für die bedarfsorientierte Vorgehensweise.

Das Bestellrhythmusprinzip hat in der Einzel- und Kleinserienfertigung, für die die konventionellen Fertigungssteuerungssysteme entworfen wurden (vgl. Abschnitt 2.2) und die implizit auch die klassische Literatur der Materialwirtschaft voraussetzt, keinen Sinn: Ein Nutzen des Bestellrhythmusprinzips, die Kapazitätskonkurrenz ohne zusätzliche Bestände zu regeln, ist nur dann gewährleistet, wenn eine f e s t e   Z u o r d n u n g   zwischen Position und Kapazitätseinheit besteht (um die Zyklen der Positionen gegeneinander zu versetzen) /36/. In konventionellen Fertigungssteuerungssystemen ist jedoch nur die Zuordnung zu einer A r b e i t s p l a t z g r u p p e   (mehrere gleichartige Betriebsmittel nach Definition in Abschnitt 2.2) möglich. Das Bestellrhythmusprinzip wird daher ausschließlich in der Großserienfertigung/ Massenfertigung in Form der Aufstellung einer B a s i s b e l e g u n g /23/ - auch Z y k l u s p l a n /24/ genannt - angewendet.

Neben den in der Praxis weit verbreiteten Algorithmen zur Losbildung, die alle auf dem Bestellpunkt- bzw. Bestellrhythmusprinzip

---

1) In der klassischen Literatur zur Materialwirtschaft (z. B. /13/) werden die Begriffe Bestellpunkt- und Bestellrhythmusverfahren nur in Zusammenhang mit der verbrauchsorientierten Vorgehensweise genannt. Wie obige Ausführungen zeigen, lassen sie sich auch zur Klassifikation von Algorithmen mit bedarfsorientierter Vorgehensweise verwenden. Statt "-verfahren" wurde jedoch der Begriff "-prinzip" gewählt, da von dem Begriff "-verfahren" wesentlich mehr erwartet wird (genaue Regeln, exakte Input-/ Output-Information, Handhabung in der Praxis usw.) als hier an Information notwendig ist. In der vorliegenden Arbeit ist lediglich der Kern, das Prinzip interessant.

2) Es gibt zwar eine Möglichkeit (z. B. in COPICS /22/), einen festen Bestellabstand vorzugeben. Es wird jedoch immer zuerst noch eine Nettobedarfsrechnung durchgeführt. Damit entfallen die festen Termine und damit der Vorteil, die Kapazitätskonkurrenz in den Griff zu bekommen. Der feste Bestellabstand erfüllt hier andere Zwecke.

beruhen, existieren eine große Anzahl weiterer Algorithmen. In /16/ wird eine umfangreiche Übersicht gegeben[1]. Diese Algorithmen sind entweder auf das Bestellpunktprinzip zurückzuführen[2] oder sie postulieren einen konstanten (über die Zeit gleichbleibenden) Bedarfs- und Kapazitätsangebotsverlauf[3]. Da eine konstante Umwelt in der Praxis nicht auftritt, brauchen letztere Algorithmen nicht näher betrachtet zu werden. Lediglich eine Klasse von Algorithmen[4] kommt der hier auftretenden Problemstellung nahe. Es sind Algorithmen, die das "Multi Product Single Machine Lot Scheduling Problem" /26/, "Multi Item Lot Sizing Problem with Capacity Constraints" /27/ oder "Capacity Constraints Dynamic Lot Size Problem" /28/ lösen. Diese Algorithmen bilden Losgrößen unter Minimierung von Rüst- und Kapitalbindungskosten bei schwankendem Bedarf und Kapazitätsangebot unter Berücksichtigung von Kapazitätskonkurrenz. Ein typischer Vertreter dieser Klasse ist der Eisenhut-Algorithmus /29/. Er geht zeitabschnittsweise auf der Zeitachse in Richtung Zukunft vor und kann Lose mehrerer Positionen in einem Zeitabschnitt einplanen. Für jeden Zeitabschnitt und für jede Position werden Lose ermittelt. Eine erste Lösung für einen Zeitabschnitt besteht darin, die Lose jeder Position so zu dimensionieren, daß sie gleich dem Bedarf der entsprechenden Position in diesem Zeitabschnitt sind. Anschließend werden alle weiter in der Zukunft liegenden Bedarfswerte mit jeweils einem F a k t o r versehen. Der Faktor sagt aus, um wieviel die Kosten reduziert werden, wenn dieser Bedarf noch dem Los des gerade betrachteten Zeitabschnittes zugeschlagen wird. Er hängt ab von den Rüstkosten, den Stückko-

---

1) Sie können klassifiziert werden in Algorithmen mit und ohne Berücksichtigung der Kapazitätskonkurrenz. Eine weitere Einteilung ist möglich in Algorithmen, die konstante (über die Zeit gleichbleibende) oder dynamische Umwelt (Bedarf und ggf. Kapazitätsangebot) voraussetzen.

2) Die Klasse der Algorithmen ohne Berücksichtigung der Kapazitätskonkurrenz und mit dynamischer Umwelt (z.B. Part Period /20/, Wagner-Within /25/).

3) Hierbei handelt es sich um sog. zyklische Algorithmen (siehe z.B. /24/). Sie können bei Algorithmen mit Bestellrhythmusprinzip dazu dienen, die Zyklen der Positionen zu ermitteln.

4) Algorithmen unter Berücksichtigung der Kapazitätskonkurrenz und dynamischer Umwelt.

sten, der Bedarfsmenge und dem zeitlichen Abstand des Bedarfswertes
vom betrachteten Zeitabschnitt. Dieser Faktor wird in der Regel für
weiter in der Zukunft liegende Bedarfswerte kleiner. Die Bedarfswerte
der zukünftigen Zeitabschnitte werden nun in der Reihenfolge des ab-
nehmenden Faktors den Losen der einzelnen Positionen im betrachteten
Zeitabschnitt zugeschlagen. Dies geschieht so lange, bis die K a -
p a z i t ä t s o b e r g r e n z e des betrachteten Zeitabschnittes
erreicht ist oder keine Kostenreduzierung durch Vorziehen von Bedarf
mehr herbeigeführt werden kann. Dann wird der nächste Zeitabschnitt
betrachtet usw., bis der vorgegebene Planungshorizont abgearbeitet
ist. Durch dieses Vorgehen wird sichergestellt, daß d i e Bedarfswerte zu Losen zusammengefaßt werden, bei denen das Vorziehen
die höchste K o s t e n r e d u z i e r u n g verursacht. Da bei
dem Algorithmus aber implizit vorausgesetzt wird, daß je Zeitabschnitt
mehrere Positionen produziert werden und innerhalb des Zeitabschnittes
n i c h t s über die Reihenfolge der Produktion ausgesagt wird,
werden R ü s t k o s t e n bei jedem Wechsel des Zeitabschnittes
n e u angesetzt. Wird dieser Algorithmus auf die hier vorausgesetzte
S t o ß f e r t i g u n g angewendet (siehe Abschnitt 4), so geschieht folgendes: Der Algorithmus wird den betrachteten Zeitabschnitt mit einer Position belegen. Beim nächsten Zeitabschnitt wird
nicht untersucht, ob es gegebenenfalls günstig ist, die Position
des vorhergehenden Zeitabschnittes weiter zu produzieren, da nur die
Zukunft betrachtet wird. Selbst wenn aufgrund der Faktoren entschieden würde, die Position des vorhergehenden Zeitabschnittes weiter
zu produzieren, würden erneut Rüstkosten angesetzt werden. Damit
würde aber die Entscheidungsgrundlage verfälscht. Aus diesem Grund
ist der Algorithmus für die Stoßfertigung u n b r a u c h b a r .

Ein weiterer Einwand gegen den Eisenhut-Algorithmus und alle Algorithmen dieser Klasse besteht darin, daß bei einer m e h r s t u -
f i g e n Kapazitätsbetrachtung (siehe Abschnitt 2.1) im Falle einer Bedarfserhöhung die gleichen Nachteile wie im Bestellpunktverfahren auftreten können. Dies ist immer dann der Fall, wenn es aufgrund von Rüst- und Kapitalbindungskosten günstiger ist, die Bedarfserhöhung dem zeitlich vorgehenden Los zuzuschlagen.

5.2   <u>Anforderungen an einen kapazitätsorientierten</u>
<u>Losbildungsalgorithmus</u>

Wie im vorhergehenden Abschnitt gezeigt wurde, sind die bestehenden
Losbildungsalgorithmen   n i c h t   dazu geeignet, die Bestände bei
der mehrstufigen Linienfertigung zu senken. Deshalb muß ein neuer
Losbildungsalgorithmus entwickelt werden. Die Anforderungen an diesen
Algorithmus werden im folgenden anhand der Mängel der analysierten
Losbildungsprinzipien Bestellpunkt und Bestellrhythmus dargestellt.

- <u>Bedarfsdeckung</u>

  Eine fundamentale Anforderung an einen Algorithmus zur Losbildung
  ist, daß der gegebene Bedarf in jedem Zeitabschnitt des Planungshorizontes (siehe Abschnitt 4) zu jeder Zeit[1] gedeckt ist. Diese
  Anforderung ist selbstverständlich ohne den (planerischen) Zugriff
  auf Sicherheitsbestände[2] zu erfüllen, da dies wiederum zu erhöhten
  Beständen führen würde. Diese Anforderungen kann das Bestellrhythmusprinzip nicht erfüllen, da damit kurzfristige Bedarfserhöhungen
  nicht mehr gedeckt werden können (siehe Abschnitt 5.1.2)[3].

- <u>Begrenzte Kapazität</u>

  Da in der mehrstufigen Linienfertigung auf allen Dispositionsstufen
  kapazitive Engpässe auftreten können, muß der Algorithmus   b e -

---

1) Damit muß der gegebene Bedarf auch nach jeder Bedarfsänderung
   gedeckt sein.

2) Sicherheitsbestände sollen nicht abgeschafft werden. Sie dürfen
   jedoch nicht dazu dienen, Schwächen des Losbildungsalgorithmus
   abzudecken, z. B. daß er keine Kapazitätskonkurrenz berücksichtigt (siehe Abschnitt 5.1.2). Sie sind ausschließlich dazu da,
   um nicht vorhersehbare Fertigungsschwierigkeiten zu überbrücken.

3) Auch die Algorithmen, die konstanten Bedarf voraussetzen, schei-
   den mit dieser Anforderung aus, da der Bedarf in der Großserienfertigung schwankt. Sowohl die kurzfristigen Bedarfserhöhungen
   als auch die Bedarfsschwankungen müßten über Sicherheitsbestände
   abgefangen werden.

g r e n z t e   K a p a z i t ä t   bei der Losbildung berücksichtigen (siehe Abschnitt 3). Das Bestellpunktprinzip erfüllt diese
Anforderung nicht. Wie in Abschnitt 2.2 und 5.1.2 dargestellt wurde,
kann hier das Risiko von Kapazitätskonflikten und damit Nichtverfügbarkeiten nur durch großzügig bemessene Durchlaufzeiten, d.h.
hohe zusätzliche Bestände, abgefangen werden.

- <u>Rasterung</u>

Aufgrund der in Abschnitt 2.1 geschilderten Sachverhalte ist es
bei der Großserienfertigung kostengünstig, die Losgröße auf   R a -
s t e r e i n h e i t e n [1]   auf- oder abzurunden. Dieser Vorgang
wird   R a s t e r u n g   der Losgröße genannt[2]. Einige bestehende
Algorithmen bieten die Rasterung der Losgröße wahlweise an (siehe
z.B. /22/ oder /30/). Ein Algorithmus zur Losbildung für die Großserie darf dagegen die Lose   n u r   gerastert ermitteln.

- <u>Minimale Bestände bei Losbeginn</u>

Aus Gründen der Bestandsminimierung muß darauf geachtet werden, daß
die   B e s t ä n d e   zu   B e g i n n   e i n e s   L o s e s
trotz der Kapazitätskonkurrenz und deren Zwänge   m i n i m a l
bleiben. Der Grund für diese Überlegung besteht darin, daß eine Erhöhung der Bestände bei Losbeginn im Durchschnitt immer doppelt so
viel Kapitalbindungskosten verursacht wie eine Erhöhung der Losgröße.
Diesen Sachverhalt verdeutlicht Bild 5.4. In der unteren Bildhälfte
wurde sowohl die Losgröße um 1 vergrößert als auch der Bestand bei
Losbeginn. Der Durchschnittsbestand wächst jedoch nur von 2,5 auf 4
also um 1,5. Das Bestellrhythmus- wie auch das Bestellpunktprinzip
haben gerade hier Schwächen: Beim Bestellpunktprinzip muß Kapazitätskonkurrenz, beim Bestellrhythmusprinzip das Änderungsrisiko über einen Bestandssockel abgedeckt werden.

---

1) Unter einer Rastereinheit wird eine für die Losbildung nicht
   mehr teilbare Menge verstanden.

2) Damit soll ausgedrückt werden, daß die <u>gesamte</u> Losgröße in
   Teileinheiten zerlegt wird.

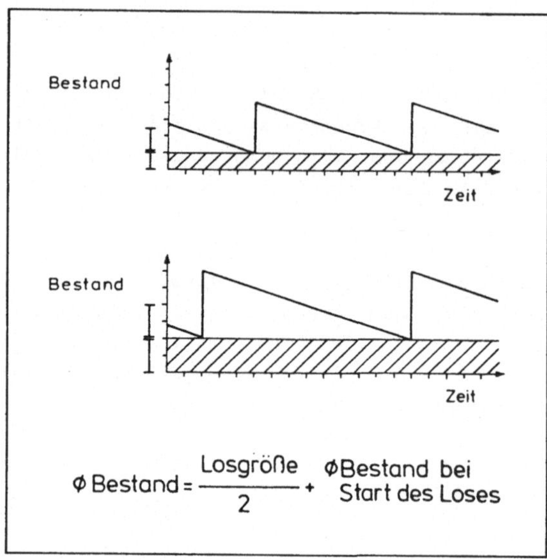

$$\varnothing\,\text{Bestand} = \frac{\text{Losgröße}}{2} + \begin{array}{l}\varnothing\text{Bestand bei}\\ \text{Start des Loses}\end{array}$$

<u>Bild 5.4</u>: Minimale Bestände bei Losbeginn

- <u>Starten nur bei Bedarf</u>

Ebenfalls aus Gründen der Bestandssenkung ist ein Los n u r
b e i   B e d a r f   z u   s t a r t e n .   Bild 5.5 zeigt zwei
mögliche Starttermine.

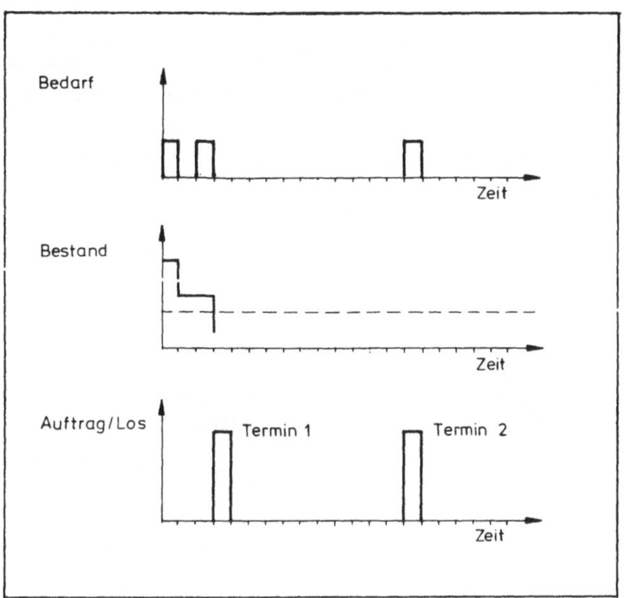

<u>Bild 5.5:</u> Fertigung nur bei Bedarf

Termin 1 ist der Startzeitpunkt beim Bestellpunktprinzip. Tatsächlich würde aber der Start zum Termin 2 genauso zur Bedarfsdeckung ausreichen. Beim Bestellrhythmusprinzip wird unabhängig davon, ob zu dem Zeitabschnitt Bedarf existiert, immer aufgelegt, wenn eine bestimmte Zeit verstrichen ist. Beide Prinzipien erfüllen also die Anforderung, nur bei Bedarf zu starten, nicht.

- <u>Ausgewogenes Verhältnis zwischen Rüst- und Kapitalbindungskosten</u>

Die Lose müssen so gebildet werden, daß ein a u s g e w o g e n e s Verhältnis zwischen R ü s t - und K a p i t a l b i n d u n g s - k o s t e n entsteht. Die Lose können aus Gründen der Bestandsminimierung nicht beliebig klein bemessen werden, da sonst die Rüstkosten zu hoch würden[1].

---

1) Darüber hinaus besteht auch die Gefahr, daß die Kapazität nicht mehr ausreicht, um den Bedarf zu decken, da durch ständiges Rüsten zuviel Kapazität verlorengeht.

Diese Anforderung allerdings ist den vorher genannten u n t e r -
g e o r d n e t : Ein Abweichen von der optimalen Losgröße wirkt
sich bei weitem nicht so negativ auf die Kapitalbindungskosten aus
wie das Vorhandensein eines B e s t a n d s s o c k e l s (siehe
Bild 5.4). Weiterhin sind die Größen zur Bewertung des Optimums so
ungenau[1], daß ohnehin nie beurteilt werden kann, wo das wahre Optimum liegt. Als drittes Argument für die untergeordnete Bedeutung dieser Anforderung ist die geringe Sensibilität dieses Optimums zu
nennen /16/.

Die Anforderung wird sowohl vom Bestellpunkt- als auch vom Bestellrhythmusprinzip erfüllt. Beim Bestellpunktprinzip wird die Losgröße
q (siehe auch Abschnitt 5.1.2) so bestimmt, daß nicht zu häufig gerüstet, aber auch nicht zuviel gelagert werden muß (Bestimmung der
Losgröße q durch die Andlersche Losgrößenformel /8/ oder ähnliche
Verfahren /20/). Beim Bestellrhythmusprinzip wird der Losabstand einer Position aufgrund der gleichen Ziele bestimmt (ebenfalls mit der
Andlerschen Losgrößenformel oder zyklischen Algorithmen (siehe dazu
Abschnitt 5.1.2).

---

1) Der kalkulatorische Zinssatz ist nur eine hypothetische Größe.
   Bei den Rüstkosten je Rüstvorgang handelt es sich um einen Durch-
   schnittswert, da die Rüstzeiten stark schwanken können.

5.3   Prinzipien für einen kapazitätsorientierten Losbildungsalgorithmus

5.3.1   Kombination zwischen Bestellpunkt und Bestellrhythmus

Sowohl das Bestellpunkt- als auch das Bestellrhythmusprinzip haben Vorteile. Das Bestellpunktprinzip läßt variable Termine zu und erfüllt damit die Anforderung "ständige Bedarfsdeckung" besser als das Bestellrhythmusprinzip (Abschnitt 5.1.2 und 5.2). Das Bestellrhythmusprinzip vermeidet Kapazitätskonflikte und erfüllt damit die Anforderung "minimale Bestände bei Losbeginn" besser als das Bestellpunktprinzip (Abschnitt 5.1.2). Insofern wäre eine K o m b i n a t i o n beider Prinzipien in der Weise sinnvoll, daß die Vorteile der Prinzipien erhalten bleiben, die Nachteile aber weitgehend ausgeglichen werden.

Eine solche Kombination wird durch folgende Vorgehensweise erreicht:

1. Bildung des Loses durch Z u s a m m e n f a s s e n des Bedarfs in einem v o r g e g e b e n e n L o s a b s t a n d (siehe Abschnitt 5.1.2).

2. R a s t e r u n g der Losgröße (siehe Abschnitt 5.2).
   Durch Rundung nach oben oder unten ergibt sich zusammen mit der Erfüllung der Anforderung "minimale Bestände bei Losbeginn" in der Regel eine Verschiebung des W i e d e r h o l s t a r t -
   t e r m i n s [1] nach vorne oder nach hinten und damit eine Abweichung vom vorgegebenen Losabstand.

Damit bleibt die V a r i a b i l i t ä t der Termine - ein Vorteil des Bestellpunktprinzips[2] - erhalten. Da die Abweichung vom vorgege-

---

1) Als Wiederholstarttermin wird der Losbeginn des zeitlich nächsten Loses einer Position in Bezug auf ein betrachtetes Los bezeichnet.

2) Beim Bestellpunktprinzip ist die Losgröße nicht veränderbar. Dadurch wird z. B. erreicht, daß bei einer Bedarfserhöhung das Folgelos vorgezogen werden muß (Abschnitt 5.1.2). Bei der hier vorgeschlagenen Vorgehensweise ist die Rastereinheit nicht veränderbar, wohl aber die Losgröße. Insofern kann davon gesprochen werden, daß das Bestellpunktprinzip hier bis zur Größe einer Rastereinheit realisiert ist. Je größer die Rastereinheit vorgegeben wird, desto stärker überwiegt der Bestellpunktcharakter.

benen Losabstand in der Regel durch die R a s t e r e i n h e i t
begrenzt ist[1], bleiben auch die Vorteile des Bestellrhythmusprinzips
im wesentlichen bestehen. Es ist jedoch nicht sinnvoll, die Variation
der Losgröße z w i n g e n d auf den Rahmen der Rastereinheit zu
beschränken. Sofern es Kapazitätskonflikte erfordern und es das Kapazitätsangebot zuläßt, kann die Losgrößenvariation im A u s n a h m e -
f a l l auch über den Rahmen einer Rastereinheit hinausgehen[2]. Dann
erhöht sich allerdings auch die Abweichung vom vorgegebenen Losabstand.

In Bild 5.6 wird noch einmal der Regelfall deutlich gemacht, bei dem
sich geringfügige Abweichungen vom vorgegebenen Losabstand durch Rasterung der Losgröße ergeben.

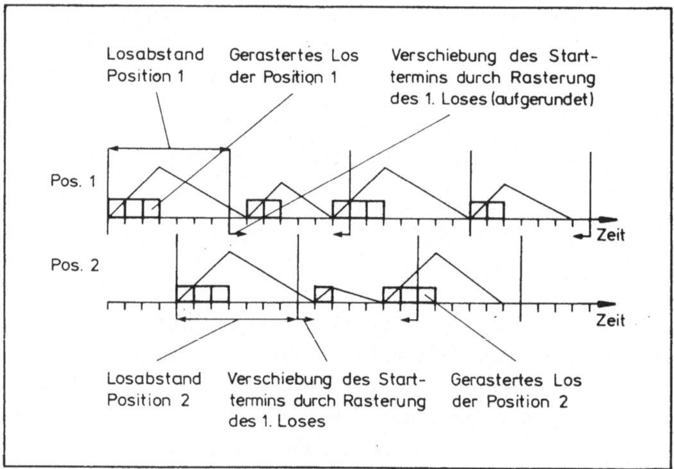

<u>Bild 5.6</u>: Kombination zwischen Bestellpunkt und Bestellrhythmus

Die Rastereinheit, der vorgegebene Losabstand und die Zuordnung der Positionen auf die einzelnen Kapazitätseinheiten müssen bei dieser Vorgehensweise vorab im Rahmen einer l ä n g e r f r i s t i g e n
P l a n u n g ermittelt worden sein. Zur Festlegung des vorgegebenen

---

1) Die Losgröße wird nach oben oder unten auf ganze Rastereinheiten gerundet.

2) Die Losgröße wird um eine oder mehrere ganze Rastereinheiten vergrößert oder verkleinert.

Losabstandes sind - wie beim Bestellrhythmusprinzip (siehe Abschnitt
5.1.2) - Algorithmen, die sich an der Andler'schen Losgrößenformel
orientieren (zyklische Algorithmen /24/), völlig ausreichend[1].
Wichtig ist hier lediglich, daß die Losabstände der Positionen einer
Kapazitätseinheit a u f e i n a n d e r   a b g e s t i m m t   sind,
um Kapazitätskonflikte unwahrscheinlich zu machen. Beispiel: Die Posi-
tionen A, B, C und D sind auf einer Kapazitätseinheit X einzuplanen.
Bezüglich der Anforderung "ausgewogenes Verhältnis zwischen Rüst- und
Kapitalbindungskosten" ist es sinnvoll, die Positionen A und B jede
Woche zu fertigen, die Positionen C und D dagegen alle 2 Wochen. Die
Positionen C und D werden in diesem Fall abwechselnd gefertigt (siehe
Bild 5.7).

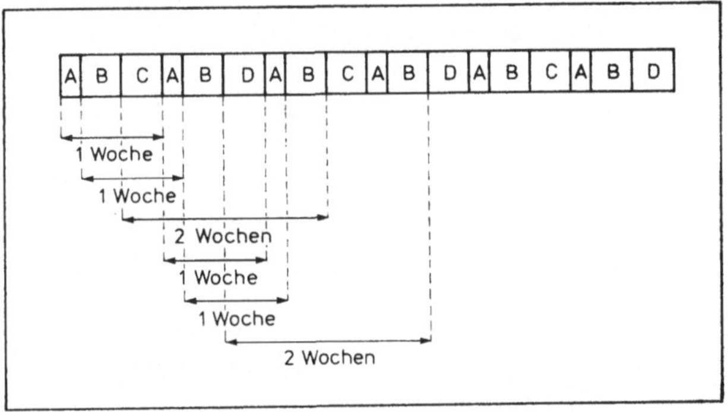

Bild 5.7: Ergebnis der Abstimmung der Losabstände

Der in der längerfristigen Planung ermittelte Losabstand ist ein
D u r c h s c h n i t t s w e r t ,   der unter der Voraussetzung eines
konstanten Verlaufs von Bedarfs- und Kapazitätsangebot berechnet wird
(siehe Abschnitt 5.1.2). Wie aus Bild 5.7 zu erkennen ist, können Kapazitätskonflikte b e s s e r   vermieden werden, wenn sich der Losbildungsalgorithmus an den Losabständen orientiert. Sogar eine Abweichung von diesen Abständen ist möglich, ohne Kapazitätskonflikte hervor-
zurufen. Wenn z.B. B seine reservierte Kapazität von 2 Tagen nicht
voll ausnutzt, kann C bzw. D, wenn nötig, vorgezogen werden. Die Losabstände müssen aus Gründen eines ausgewogenen Verhältnisses von Rüst-
und Kapitalbindungskosten nicht j e d e s m a l   genau eingehalten

---

1) Genauere Algorithmen sind wegen der untergeordneten Bedeutung der
   Anforderung eines ausgewogenen Verhältnisses zwischen Rüst- und
   Kapitalbindungskosten nicht notwendig.

werden, da sie ohnehin nur grobe Durchschnittswerte repräsentieren.
Es genügt, wenn sie über einen l ä n g e r e n Z e i t r a u m
im Schnitt eingehalten werden.

Diese Vorgehensweise bewirkt, daß sich die Anforderungen "Bedarfsdeckung", "begrenzte Kapazität", "Rasterung", "minimale Bestände bei
Losbeginn" und "ausgewogenes Verhältnis zwischen Rüst- und Kapitalbindungskosten" immer dann mit geringem Aufwand erfüllen lassen, wenn
k e i n e k n a p p e Kapazität[1] zur Verfügung steht. Diese Vorgehensweise kann jedoch n i c h t garantieren, daß keine Kapazitätskonflikte auftreten. Zur Erfüllung der Anforderung "begrenzte Kapazität" wird also eine weitere Präzisierung dieser Vorgehensweise notwendig.

5.3.2   <u>Beheben von Kapazitätskonflikten</u>

Im folgenden Abschnitt soll angenommen werden, daß Lose mit der in
5.3.1 geschilderten Vorgehensweise für alle Positionen im gesamten
Planungshorizont gebildet worden sind. Für jede Position sind also
Lose durch Zusammenfassung von Bedarf in einem vorgegebenen L o s -
a b s t a n d ermittelt und gerastert worden. Die Wiederholstarttermine haben sich durch die R a s t e r u n g verschoben. Das Ergebnis dieser Losbildung ist n i c h t konfliktfrei. Um die bestehenden Konflikte zu b e h e b e n , gibt es drei Möglichkeiten:

1. V o r z i e h e n [2] von Losen
2. R e d u z i e r e n von Losen
3. E r h ö h e n von Losen.

Ein V e r s c h i e b e n [3] verbietet sich, da bei der in Abschnitt
5.3.1 geschilderten Vorgehensweise minimale Bestände bei Losbeginn vorausgesetzt werden und durch Verschieben die Anforderung "ständige Bedarfsdeckung" nicht mehr erfüllt wäre. Die drei Möglichkeiten zur Be-

---

1) Die Voraussetzung nicht knapper Kapazität steht im Gegensatz zu neue-
   ren Ansätzen der Fertigungssteuerung /32/, bei denen das Gewicht auf
   die Planung der Engpaßkapazitäten gelegt wird. Unter dem Gesichts-
   punkt der Bestandsminimierung stehen bei der hier vorgeschriebenen
   Vorgehensweise Kapazitätseinheiten mit nicht hoher Auslastung im
   Vordergrund, da es sich gerade bei ihnen lohnt, bestandsminimal zu
   planen.

2) Unter Vorziehen wird eine Verkürzung des Lostermins verstanden.

3) Unter Verschieben wird eine Verlängerung des Lostermins verstanden.

hebung von Kapazitätskonflikten werden mit Hilfe von Bild 5.8 veranschaulicht.

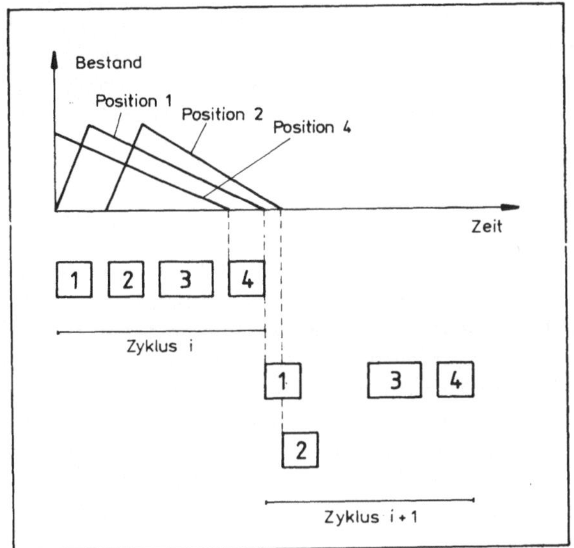

<u>Bild 5.8</u>: Kapazitätskonflikt bei der in Abschnitt 5.3.1 beschriebenen
Vorgehensweise

Zur B e s e i t i g u n g des Konfliktes kann das Los der Position
4 im Zyklus i[1] und anschließend das Los von Position 1 im Zyklus i + 1
v o r g e z o g e n werden. Dies hat erhöhte Bestände bei Losbeginn
sowohl bei Position 1 als auch bei Position 4 zur Folge. Es ist aber
auch möglich, das Los der Position 2 im Zyklus i zu e r h ö h e n[2].
Dies hat unter der Voraussetzung von minimalen Beständen bei Losbeginn
zur Folge, daß das Los der Position 2 im Zyklus i + 1 verschoben wird.
Als dritte Möglichkeit zur Behebung des Kapazitätskonfliktes kann das
Los der Position 1 im Zyklus i und das Los der Position 4 im Zyklus
i - 1[3] r e d u z i e r t werden. Wegen minimaler Bestände bei

---

1) Zur Definition von Zyklus siehe Abschnitt 5.1.2. Im folgenden wird
   auf die Zykleneinteilung Bezug genommen, die durch die Lose der
   Position 1 festgelegt ist.

2) Dies ist selbstverständlich nur möglich, wenn zwischen dem Los der
   Position 2 und 3 im Zyklus i genügend freie Kapazität existiert.

3) Dieser Zyklus ist im Bild 5.8 nicht mehr dargestellt.

Losbeginn wird damit erreicht, daß die Lose von Position 1 und 4 vorgezogen werden.

Aufgrund der Anforderung "minimale Bestände bei Losbeginn" wird es
immer besser sein, Lose im v o r h e r g e h e n d e n Zyklus i
m e n g e n m ä ß i g zu verändern, als im "Konflikt"-Zyklus i + 1
Lose v o r z u z i e h e n . Mit dieser Überlegung ist ein wesentlicher Unterschied zur Kapazitätsminimierung in der Einzel- und Kleinserienfertigung geschaffen (siehe Abschnitt 2.2). Dort geschieht die
Kapazitätsterminierung in der Regel m a n u e l l . Da der Disponent nur für einen kurzen Zeitraum die Konkurrenzsituation der Lose
aller Positionen überblicken kann, wird im allgemeinen nur der a k -
t u e l l e Zyklus[1] betrachtet. Das bedeutet, daß die L o s g r ö -
ß e n der einzelnen Positionen nicht mehr hinterfragt werden, sondern
daß sie ab dem Heute-Zeitpunkt so eingeplant werden, daß kein Kapazitätskonflikt entsteht. Dabei müssen zwangsläufig erhöhte Bestände bei Losbeginn entstehen, da Lose nur vorgezogen werden können, um Kapazitätskonflikte zu vermeiden. Die Konsequenz eines solchen k u r z s i c h -
t i g e n Verhaltens ist die, daß beim nächsten Zyklus[2] die gleiche
Situation wieder entsteht: Bei der Einplanung mit minimalen Beständen bei Losbeginn ergeben sich Konflikte, die nur durch Vorziehen und
damit durch Erzeugung von Beständen beseitigt werden können. Dies kann
vermieden werden, wenn - wie hier vorgeschlagen - m e h r e r e
Zyklen[3] (mit Hilfe der EDV) betrachtet werden und die Losgrößen nicht
fest vorgegeben werden, sondern als veränderbar zur Beseitigung von
Kapazitätskonflikten betrachtet werden.

---

1) Mit dem aktuellen Zyklus wird der Abschnitt des Planungshorizontes
   bezeichnet, der vom Heute-Zeitpunkt bis zum Zeitpunkt, an dem für
   jede Position genau ein Los eingeplant ist, reicht.

2) Der nächste Zyklus beginnt mit einem Los der Position, deren
   erstes Los direkt an den Heute-Zeitpunkt anschließt.

3) Ausschlaggebend für die Zykleneinteilung des Planungshorizontes
   ist die Position, deren erstes Los direkt an den Heute-Zeitpunkt
   anschließt.

5.3.3 Vorgehen entlang der Zeitachse

Durch die Entscheidung, Kapazitätskonflikte im Zyklus i + 1 durch Losgrößenveränderung im Zyklus i zu lösen, wird es unnötig, erst den gesamten Horizont zu planen und anschließend die Kapazitätskonflikte zu
beseitigen. Da wegen minimaler Bestände bei Losbeginn eine funktionale
Abhängigkeit[1] zwischen Losmenge und Starttermin des folgenden Loses
der gleichen Position (Wiederholstarttermin) besteht, ist es ökonomisch,
bei der Einplanung e n t l a n g   d e r   Z e i t a c h s e   Zyklus
für Zyklus[2] vorzugehen und damit in einen "leeren" Planungshorizont
(Abschnitt 4) "hineinzuplanen". Über die Bemessung der Losgröße im
betrachteten Zyklus wird die Lage des Wiederholstarttermins im folgenden Zyklus so   g e s t e u e r t ,   daß keine Kapazitätskonflikte im
Folgezyklus auftreten. Statt Kapazitätskonflikte im nachhinein zu beseitigen, werden sie vorausschauend   v e r m i e d e n .

Die Entscheidung, entlang der Zeitachse vorzugehen, hat neben der Auf-
wandseinsparung den Vorteil eines höheren   F r e i h e i t s g r a -
d e s   bei der Planung. Um diesen Vorteil deutlich zu machen, soll angenommen werden, daß   n i c h t   entlang der Zeitachse vorgegangen
wird, sondern alle Positionen isoliert über den gesamten Planungshorizont eingeplant werden. Kapazitätskonflikte im Zyklus i + 1 würden dann
durch Veränderung der Losgröße im vorhergehenden Zyklus i beseitigt
werden. Da die Veränderung der Losgröße aber nur in ganzen Rastereinheiten möglich ist, könnten nicht   a l l e   Zeitabschnitte im Folgezyklus erreicht werden. Insbesondere bei einer großen Rastereinheit im
Verhältnis zur Bedarfsrate[3], steigt daher die Wahrscheinlichkeit,
k e i n e   Lücken im Folgezyklus zur Beseitigung der Kapazitätskonflikte zu finden. In Bild 5.8 kann beispielsweise durch Erhöhen des
Loses der Position 2 im Zyklus i eine Verschiebung des Starttermins
des Loses im Zyklus i +1 ausgelöst werden, die zu einem Konflikt mit
dem Los der Position 3 führt. Geht man dagegen entlang der Zeitachse
vor, so plant man in den leeren Planungshorizont hinein. Zur Vermei-

---

1) Die funktionale Abhängigkeit ist über den Bedarf hergestellt.

3) Zykleneinteilung nach der Position mit dem frühesten Los im
   Planungshorizont.

3) Durchschnittlicher Bedarfswert je Zeitabschnitt im Planungshorizont.

dung von Konflikten kann immer in R i c h t u n g Z u k u n f t
durch weiteres E r h ö h e n des betrachteten Loses ausgewichen
werden[1]. Damit vergrößert sich gegenüber der oben beschriebenen Vorgehensweise der Freiheitsgrad der Planung. Darüber hinaus ist die Tendenz, die Lose zur Vermeidung von Kapazitätskonflikten eher zu vergrößern als zu verkleinern im Hinblick auf die Rüst- und Kapitalbindungskosten besser[2].

Mit der hier vorgestellten Vorgehensweise

- Konflikte in einem Zyklus durch Losgrößenveränderung im vorhergehenden Zyklus zu vermeiden und damit aus Aufwandsgründen

- sukzessive Zyklus für Zyklus entlang der Zeitachse zu planen
  sowie

- in Richtung Zukunft durch Erhöhen der Losgröße auszuweichen

ergeben sich zwei Fragen:

1. Wie können Konflikte im Folgezyklus f e s t g e s t e l l t
   werden, wenn die genaue Losgröße und damit die Losdauer (siehe
   Abschnitt 4) dort noch nicht bekannt ist?

2. Wie können Konflikte im betrachteten Zyklus e r k a n n t
   und b e h o b e n werden?[3]

Diese Fragen werden durch eine weitere Präzisierung der Vorgehensweise
in den Abschnitten 5.3.4 und 5.3.5 beantwortet.

---

1) Eine Erhöhung des betrachteten Loses ist nur im Rahmen der ange-
   botenen Kapazität möglich.

2) Besser ist dies deshalb, weil die Gesamtkostenkurve (= Rüst- +
   Kapitalbindungkosten, entsprechend der Andler'schen Losgrößenformel /8/) rechts neben dem Optimum flacher verläuft als links.
   Die Vergrößerung eines Loses führt daher zu geringeren Abweichungen vom Kostenminimum als eine Verkleinerung. Eine ständige Vergrößerung der Lose wäre jedoch wegen der Einhaltung des vorgegebenen Losabstandes nicht akzeptabel.

3) Durch Erhöhen der Losgröße (um im Folgezyklus in die Zukunft auszuweichen) können Konflikte im betrachteten Zyklus entstehen.

5.3.4 Erkennen von Kapazitätskonflikten im Folgezyklus

Zur Feststellung von Konflikten im Folgezyklus muß die Losdauer der
Lose im Folgezyklus bekannt sein. Die genaue Losdauer im Folgezyklus
hängt von der Bemessung der Losgröße im Folgezyklus ab. Diese Bemessung ist jedoch wieder abhängig von der Konfliktvermeidung im darauf-
folgenden Zyklus i + 2, d.h. im ü b e r n ä c h s t e n Zyklus.
Im übernächsten Zyklus ist aber die Konfliktsituation noch gar nicht
bekannt.
Die Situation soll anhand des Bildes 5.9 veranschaulicht werden.

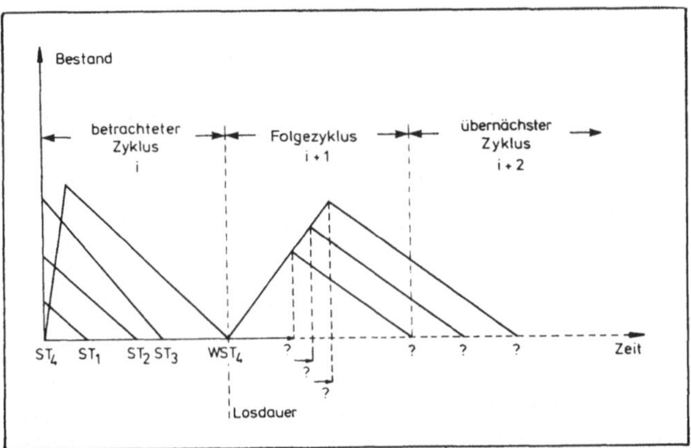

<u>Bild 5.9</u>: Unbekannte Größen bei der Losbildung

Die Losbeginntermine im betrachteten Zyklus werden S t a r t t e r -
m i n e genannt und in Bild 5.9 mit ST bezeichnet. Im Gegensatz dazu
heißen die Losbeginntermine im Folgezyklus Wiederholstarttermine
(Abschnitt 5.3.1) und werden mit WST bezeichnet. Beispielhaft wird
die Losbildung der Position 1 zum Termin ST_1 betrachtet. Die Losgröße
muß so bemessen werden, daß im Folgezyklus kein Konflikt auftritt.
Dazu muß der Wiederholstarttermin der Position 1 (WST_1) weit genug
hinter den der Position 4 (WST_4) gelegt werden, damit kein Konflikt
mit dem Los der Position 4 eintritt. Der Abstand zu WST_4 muß mindestens
gleich der Losdauer des Loses der Position 4 sein. Die Losdauer ist jedoch noch nicht bekannt, da sie von den gegebenenfalls auftretenden
Konflikten im Zyklus i + 2 abhängig ist, für den aber weder Losbeginn-

termine, Losgrößen noch Losdauern festgelegt sind[1]. Für die Losdauer im Folgezyklus der Position 4 muß deshalb ein "vernünftiger"
Wert angenommen werden, der bei der späteren endgültigen Bemessung der
Losgröße dieser Position möglichst nicht ü b e r s c h r i t t e n
wird. Der Wert darf also nicht zu k l e i n gewählt werden. Aber
auch ein zu g r o ß z ü g i g festgelegter Wert hat Nachteile, da
dann Konflikte bei der Bemessung der Losgröße der Position 1 im betrachteten Zyklus i entstehen könnten. Dieses Los müßte dann so groß
geplant werden, daß es über die zu lang geschätzte Losdauer der Position 4 im Folgezyklus hinausreicht. Die Kapazitätskonflikte würden damit nur in den betrachteten Zyklus verlagert. Die Schätzung der Losdauer sollte daher so genau wie möglich erfolgen:

Zur A b s c h ä t z u n g der Losdauer sind folgende Daten bekannt:

1. Ausbringung je Zeiteinheit (siehe Abschnitt 4) der Position 4
2. Rüstzeit (Anlaufkurve[2])
3. Bedarfswerte ab WST_4
4. Kapazitätsangebot (siehe Abschnitt 4) ab WST_4.

Einzige U n b e k a n n t e ist das Zeitintervall, über das Bedarf zusammengefaßt werden soll. Es ist sinnvoll, für dieses Zeitintervall den aus der längerfristigen Planung vorgegebenen L o s a b -
s t a n d zu wählen[3]. Eine Rundung der so ermittelten Losgröße

---

1) Diese Aussage gilt für den Zeitpunkt der Bestimmung der Losgröße
   der Position 1 im betrachteten Zyklus i, wenn ein Vorgehen entlang der Zeitachse, wie oben beschrieben, vorausgesetzt wird.

2) Die Anlaufkurve sagt aus, wieviel Stück pro Zeiteinheit beim An-
   lauf einer Position ausgebracht werden, also z. B. 1. Zeiteinheit
   0 Stück (da gerüstet wird), 2. Zeiteinheit 50 % der vollen Ausbringung, 3. Zeiteinheit 90 % der vollen Ausbringung. In der Anlaufkurve ist also das Rüsten enthalten und sie wird in % der vollen Ausbringung je Zeiteinheit angegeben.

3) Da über die Belastungssituation im übernächsten Zyklus i + 2 noch
   nichts bekannt ist, kann man irgendein Zeitintervall annehmen. Da
   es das Ziel ist, den gegebenen Losabstand einzuhalten, wird dies
   der Algorithmus bei der späteren Bestimmung der Losgröße zu WST_4
   ebenfalls versuchen.

v e r b i e t e t   sich, da noch nicht entschieden werden kann, ob
auf- oder abgerundet werden soll.

Ist die Losdauer der Position 4 im Folgezyklus (zu Termin WST_4) geschätzt, kann nun die Losgröße der Position 1 so bestimmt werden, daß
sie   h i n t e r   den geschätzten Endtermin des Loses der Position 4
im Folgezyklus zu liegen kommt und damit voraussichtlich[1] kein Konflikt im Zyklus i entsteht.

Damit ist die Vorgehensweise zur Erkennung von Konflikten im Folgezyklus festgelegt: Die Losdauer im Folgezyklus werden   g e s c h ä t z t
aufgrund des Bedarfs im vorgegebenen (durchschnittlichen)   L o s a b -
s t a n d . So wird die geringste Wahrscheinlichkeit von Konflikten
im Folgezyklus und im betrachteten Zyklus erreicht. Je weniger Konflikte auftreten, desto geringer ist der Planungsaufwand. Diese Vorgehensweise dient also dazu, die Anforderung "begrenzte Kapazität" mit
möglichst geringem Aufwand zu erfüllen (siehe Abschnitt 3 und 5.2) .

Es bleibt jetzt noch die Frage zu klären, wie dennoch auftretende Konflikte im gerade betrachteten Zyklus erkannt und behoben werden sollen.

5.3.5   Erkennen und Beheben von Kapazitätskonflikten im betrachteten Zyklus

V e r g r ö ß e r u n g e n   der Lose - aufgrund der Rasterung bzw.
zur Vermeidung von Konflikten im Folgezyklus - gegenüber der ursprünglichen Schätzung[2] können   K o n f l i k t e   im betrachteten Zyklus
bewirken. Noch viel wahrscheinlicher können Konflikte im aktuellen Zyklus (siehe Abschnitt 5.3.2) auftreten, da die Lage der Starttermine
- minimale Bestände bei Losbeginn vorausgesetzt - durch die   R e i c h -
w e i t e n[3]   der   A n f a n g s b e s t ä n d e[4]   der einzelnen

---

1) Es tritt dann kein Konflikt auf, wenn die spätere Ermittlung der
   Losgröße der Position 4 im Folgezyklus keine längere Losdauer ergibt, als jetzt geschätzt wurde.

2) Als der jetzt betrachtete Zyklus noch Folgezyklus war, mußte die
   Losdauer zur Vermeidung von Kapazitätskonflikten im Folgezyklus
   abgeschätzt werden (siehe Abschnitt 5.3.4).

3) Mit Reichweite wird die Anzahl der Zeitabschnitte bezeichnet, in
   denen der Bestand zum Heute-Zeitpunkt den Bruttobedarf noch deckt.

4) Unter Anfangsbestand wird der Bestand zum Heute-Zeitpunkt verstanden.

Positionen bestimmt wird.

Das Erkennen von Kapazitätskonflikten im betrachteten Zyklus ist
gegenüber dem Erkennen von Kapazitätskonflikten im Folgezyklus ein-
fach, da die Losgröße feststeht und nicht geschätzt werden muß. Unter
Berücksichtigung der in 5.3.4 genannten Daten wird die L o s -
d a u e r   und damit der E n d t e r m i n   bestimmt. Nun kann
festgestellt werden, ob dieser Endtermin den Starttermin des
F o l g e l o s e s [1]   überschreitet. Zur Konfliktbeseitigung gibt
es zwei Möglichkeiten:

1. Z u r ü c k g e h e n   zu früheren Zyklen (i - 1, i - 2, i - 3,
   ...) und dort die Losgrößen v e r ä n d e r n   (vgl. Abschnitt 5.3.2).

2. V o r z i e h e n   der Lose wie in der herkömmlichen Kapazitätsterminierung.

Alternative 1 ist für den a k t u e l l e n   Zyklus u n m ö g -
l i c h   und für die w e i t e r e n   Zyklen sehr a u f w e n -
d i g ,   da die Berechnung der dann vielen möglichen Fälle erheblichen
Aufwand erfordert[2] .

Durch Alternative 2 entsteht zwar der Nachteil erhöhter Bestände bei
Losbeginn, aber die realistische Schätzung der Losdauer läßt w e -
n i g   Konflikte und damit s e l t e n   ein Vorziehen erwarten.
Diese Erwartung wird darüber hinaus dadurch gerechtfertigt, daß eine
Erhöhung der Losgröße zur Vermeidung von Kapazitätskonflikten im Folgezyklus oder durch Rundung immer nur eine sehr g e r i n g e   V e r -
l ä n g e r u n g   der Losdauer zur Folge haben wird, selbst wenn eine Verschiebung des Wiederholstartermins weit in die Zukunft notwendig
wird. Dies hängt damit zusammen, daß in der Großserie die Bedarfsrate

---

1) Unter Folgelos wird das zeitlich nächste Los eines jetzt gerade
   betrachteten Loses bezeichnet.

2) Bei 3 vorhergehenden Zyklen, 4 Positionen und 2 Möglichkeiten, die
   Losgröße bei jedem Los zu variieren (auf- oder abrunden) müßten
   (vollständige Enumeration /31/ vorausgesetzt) 2^{12} = 4096 Fälle
   untersucht werden, beträgt die Anzahl der Losvariationen 4 (auf-
   runden, abrunden, reduzieren um 1 Rastereinheit, erhöhen um eine
   Rastereinheit) 4^{12} = ca. 17 Mio Fälle.

im Verhältnis zur Ausbringung je Zeiteinheit häufig sehr k l e i n
ist[1].

Beispiel: Die Ausbringung einer Position je Zeiteinheit beträgt
10.000 Stück/Tag, die Bedarfsrate aber nur 100 Stück/Tag.
Soll das Los im Folgezyklus (W i e d e r h o l l o s [2]) wegen eines Kapazitätskonfliktes um 10 Tage weiter nach hinten geschoben werden, so ist eine Erhöhung der Losgrößen im betrachteten Zyklus von
10 x 100 = 1 000 Stück notwendig. Dies bedeutet eine Verlängerung der
Losdauer im betrachteten Zyklus um 1 000/10 000 = 1/10 Tag. Durch eine
Verlängerung der Losdauer um nur 1,6 Stunden (2-Schicht-Betrieb vorausgesetzt) wird also eine Verschiebung des Wiederholloses um 10 Tage bewirkt. In Bild 5.10 wird dieser Sachverhalt graphisch dargestellt.

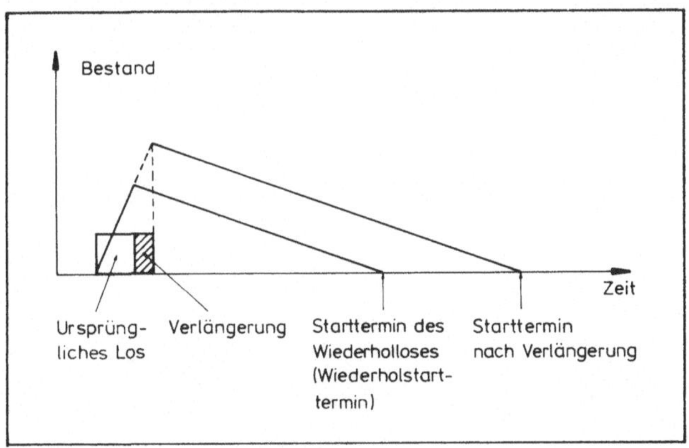

<u>Bi</u>ld 5.10: Auswirkungen einer Losdauerverlängerung bei der Großserie

Aufgrund der geringen Wahrscheinlichkeit des Auftretens von Kapazitätskonflikten im betrachteten Zyklus wird aus Aufwandsgründen die Alternative 2, d.h. V o r z i e h e n im Konfliktfall, gewählt. Mit dieser Entscheidung wird wegen der Anforderung "begrenzte Kapazität" eine

---

1) Diese Verhältnisse treten z. B. beim Pressen und Stanzen auf.

2) Das Wiederhollos ist nicht zu verwechseln mit dem Folgelos.
   Los und Wiederhollos gehören zur gleichen Position, Los und
   Folgelos dagegen zu verschiedenen.

Einschränkung der Anforderung "minimale Bestände bei Losbeginn" in Kauf genommen, um mit möglichst g e r i n g e m A u f w a n d auszukommen. Die Einschränkung wird jedoch wegen der Unwahrscheinlichkeit von Kapazitätskonflikten g e r i n g ausfallen.

Mit den in Kapitel 5 abgeleiteten Losbildungsprinzipien kann nun in Kapitel 6 ein Algorithmus zur kapazitätsorientierten Bildung von Losen entwickelt werden.

6   <u>Ein Algorithmus zur kapazitätsorientierten Bildung</u>
     <u>von Losen</u>

Im folgenden soll ein A l g o r i t h m u s entworfen werden, der
auf den in Kapitel 5 entwickelten P r i n z i p i e n beruht. Die
Darstellung erfolgt der besseren Verständlichkeit wegen anhand eines
B e i s p i e l s (siehe Bild 6.1).

Um die Anforderung "ständige Bedarfsdeckung" zu erfüllen, muß der
Bruttobedarf BB (siehe Abschnitt 2.2) über einen ausreichend langen[1]
Zeitraum gegeben sein, der ab heute beginnt und in Richtung Zukunft
verläuft. Es wird vorausgesetzt, daß er in gleich lange Zeitabschnitte
(z. B. Tage oder Schichten) eingeteilt ist. Diese Zeitabschnitte decken
sich mit denen des Planungshorizontes für die Losbildung (siehe Abschnitt 4). Zur Prüfung auf "Bedarfsdeckung" bzw. auf Erfüllung der Anforderung "minimale Bestände bei Losbeginn" muß der verfügbare Bestand
VB (siehe Abschnitt 2.2) zum Heute-Zeitpunkt (Anfangsbestand, siehe
Abschnitt 5.3.5) bekannt sein. Der verfügbare Bestand wird immer zu
B e g i n n eines Zeitabschnittes gemessen. Ist der Beginn nicht
der Heute-Zeitpunkt, wird der verfügbare Bestand P l a n b e s t a n d
genannt.

---

1) Der Zeitraum muß auf jeden Fall um einen gegebenen Losabstand
   länger als der Planungshorizont für die Losbildung sein, wenn
   vorausgesetzt wird, daß dieser Planungshorizont für die Losbildung vollständig gefüllt werden muß.

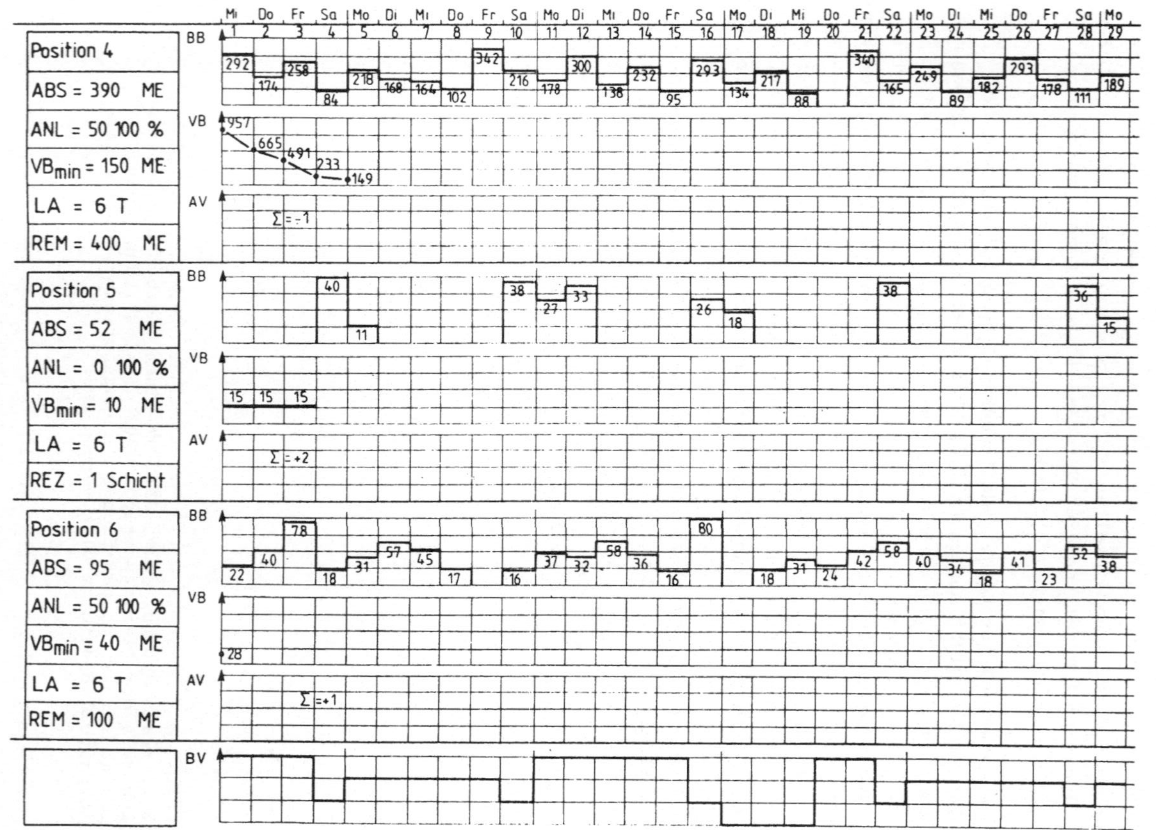

Bild 6.1: Ausgangssituation für die Losbildung

6.1 Die Bildung des ersten Loses

6.1.1 Die Startterminbestimmung und der Mindestbestand

Wie in Abschnitt 5.3.2 gezeigt wurde, ist es ökonomisch, daß der Algorithmus entlang der Zeitachse vorgeht. Er beginnt demnach mit der Position, die den f r ü h e s t e n Starttermin besitzt.

Entsprechend der Anforderung "minimale Bestände bei Losbeginn" ergibt sich der Starttermin eines Loses aus der R e i c h w e i t e des Anfangsbestandes. Die Definition von "Reichweite" muß jedoch gegenüber Abschnitt 5.3.5 präzisiert werden. Unter Reichweite soll die Anzahl der Zeitabschnitte verstanden werden, in denen der Anfangsbestand abzüglich eines verfügbaren M i n d e s t b e s t a n d s VB_{min} den Bruttobedarf noch deckt. Dieser Mindestbestand dient dazu, die H ä u f i g k e i t der Anwendung des Losbildungsalgorithmus herabzusetzen. Ohne Mindestbestand würde gemäß der Anforderung "minimale Bestände bei Losbeginn" ein Los immer bei einem Bestand von Null gestartet werden[1]. Eine Bedarfserhöhung von einem Stück würde dann bereits Nichtverfügbarkeit (siehe Abschnitt 5.1.2) hervorrufen und eine n e u e Losbildung notwendig machen, da planerisch ein Angreifen des Sicherheitsbestandes nicht gestattet ist[2] (siehe Abschnitt 5.2). Da Bedarfsänderungen in der Großserienfertigung sehr häufig auftreten (siehe Abschnitt 2.1), wäre der Aufwand für die Losbildung ohne Mindestbestand sehr hoch. Ein hoher Aufwand widerspricht aber der Zielsetzung (Abschnitt 3). Deswegen wird ein Mindestbestand benötigt, der jedoch erheblich n i e d r i g e r als der üblicherweise verwendete Sicherheitsbestand ist[3]. Der S t a r t t e r m i n eines Loses ist damit durch den Zeitabschnitt festgelegt, zu dessen Beginn der Planbestand zum e r s t e n Mal unter den Mindestbestand sinkt.

---

1) Bei einer Rastereinheit (siehe Abschnitt 5.2) > 1 können sich "Restbestände" bis zur Höhe einer Rastereinheit ergeben, da ein Los nie genau auf den Bedarf je Zeitabschnitt abgestimmt werden kann.

2) Der Sicherheitsbestand ist in den Bildern nicht dargestellt.

3) Der Mindestbestand deckt kein Risiko wie der Sicherheitsbestand ab. Er soll lediglich geringe Bedarfsänderungen abfangen.

Die Position mit dem frühesten Starttermin ist die Position 6. Ihr
Mindestbestand beträgt 40 Stück. Er wird bei dem gewählten Beispiel
(Bild 6.1) vom Planbestand bereits im ersten Abschnitt unterschritten.
In diesem Zeitabschnitt muß das Los gemäß der Anforderung "minimale
Bestände bei Losbeginn" beginnen, d.h. dieser Zeitabschnitt ist der
Starttermin.

6.1.2   Die Mengenbestimmung und das Abweichungskonto

Im folgenden ist die   L o s g r ö ß e   des ersten Loses der Position
6 zu ermitteln. Gemäß dem Vorgehensprinzip aus Abschnitt 5.3.1 wird
der Bedarf in dem vorgegebenen Losabstand (LA) von 6 Tagen ermittelt.
Wie aus der Zeitachse in Bild 6.1 oben zu erkennen ist, liegt der
Starttermin des ersten Loses der Position 6 an einem Mittwoch. Der
Wiederholstarttermin muß also der nächste Mittwoch sein[1]. Folglich
ist der Bedarf in der Zeit von Mittwoch bis Dienstag nächster Woche
zu addieren. Die Summe ergibt 246 Stück. Anschließend muß noch der Bestand zum Losbeginn (VB = 28 Stück) abgezogen werden und der zu er-
reichende Mindestbestand zum Wiederholstarttermin (VB_{min} = 40 Stück)
addiert werden[2]. Damit ergibt sich eine vorläufige Losgröße von 258
Stück. Das Los ist nun entsprechend dem Vorgehensprinzip aus Abschnitt
5.3.1 noch zu   r a s t e r n .   Die Rasterung muß entsprechend Abschnitt 5.3.3 so gewählt werden, daß   K o n f l i k t e   im   F o l -
g e z y k l u s [3]   vermieden werden. Die Rastereinheit (REM) beträgt
100 Stück. Es können also entweder 200 Stück oder 300 Stück gefertigt
werden. Werden 300 Stück gewählt, verschiebt sich - gemäß der Forderung
nach minimalen Beständen bei Losbeginn - der Wiederholstarttermin in
Richtung Zukunft. Im Beispiel würde er auf den Donnerstag fallen. Bei
einer Abrundung muß, wegen der Anforderung "Bedarfsdeckung", der Wiederholstarttermin vorgezogen werden, im Beispiel auf den Dienstag. In

---

1) Der Sonntag wurde in der Zeitachse weggelassen.

2) Die Addition des Mindestbestandes muß deshalb geschehen, da er
   beim Wiederhollos (siehe Abschnitt 5.3.4) wieder zur Verfügung
   stehen muß, also jetzt mitzufertigen ist.

3) Zur Zykleneinteilung dienen die Starttermine der Position 3.

beiden Fällen w e i c h t   aber dann der tatsächliche Losabstand
von dem vorgegebenen a b . Im Beispiel ist die Abweichung bei Auf-
und Abrundung zufällig gleich. Dies muß jedoch nicht so sein. Die Höhe
der Abweichung ist abhängig von der ungerundeten Losgröße (258) und
dem Bedarfsverlauf. Naheliegend wäre, d i e Rundung zu wählen,
die die g e r i n g s t e Abweichung vom vorgegebenen Losabstand
verursacht, da der vorgegebene Losabstand aufgrund der Anforderung
"ausgewogenes Verhältnis zwischen Rüst- und Kapitalbindungskosten"
ermittelt wurde (Abschnitt 5.3.1) und seine Einhaltung somit zur
Erfüllung dieser Anforderung beiträgt. Die bei der Bestimmung der ge-
rundeten Losgröße jeweils e r n e u t e Minimierung der Abweichung
würde jedoch der Erfüllung der Anforderung "ausgewogenes Verhältnis
zwischen Rüst- und Kapitalbindungskosten" und dem Prinzip "Vermeidung von Kapazitätskonflikten durch Einhaltung des vorgegebenen Losabstandes" (Abschnitt 5.3.1) w i d e r s p r e c h e n . Dies
soll wie folgt begründet werden:

Bei der Entscheidung, ob auf- oder abgerundet wird, muß gemäß Abschnitt
5.3.3 beachtet werden, daß im Folgezyklus k e i n e K a p a z i -
t ä t s k o n f l i k t e mit anderen Positionen auftreten. Wird
beispielsweise beim gerade betrachteten Los (erstes Los der Position
6) abgerundet, entsteht beim Wiederhollos mit großer Wahrscheinlichkeit ein Kapazitätskonflikt mit dem noch nicht bestimmten ersten Los
der Position 4. Um dies festzustellen, muß der voraussichtliche Endtermin des ersten Loses der Position 4 ermittelt werden. Dies geschieht
durch die vorläufige Berechnung (Schätzung) der Losgröße und Losdauer
zum Starttermin (siehe Abschnitt 5.3.4). Der voraussichtliche Endtermin des ersten Loses der Position 4 liegt auf dem Dienstag. Würde nun
bei der Position 6 abgerundet werden, so fällt der Wiederholstarttermin
der Position 6 ebenfalls auf den Dienstag. Deswegen muß in diesem Falle aufgerundet werden. Hier zeigt sich deutlich die Tendenz der Vorgehensweise entlang der Zeitachse, die Losgrößen zur Vermeidung von
Kapazitätskonflikten zu vergrößern (siehe Abschnitt 5.3.3).

Es muß also grundsätzlich mit der Möglichkeit gerechnet werden, daß
zur Konfliktvermeidung m e h r f a c h hintereinander eine Abweichung vom vorgegebenen Losabstand in eine Richtung entsteht. Darüber hinaus kann die Losgröße zur Konfliktvermeidung um ein V i e l -
f a c h e s der Rastereinheit erhöht werden (siehe Abschnitt 5.3.1).
Man könnte nun diese vergangenen starken Abweichungen bei der Ermittlung der Losgröße des betrachteten Loses i g n o r i e r e n und

die Losgröße so bemessen, daß der vorgegebene Losabstand wieder möglichst gut eingehalten wird. Dies hätte aber zur Folge, daß sich der
d u r c h s c h n i t t l i c h e   tatsächliche Losabstand in einem
längeren Zeitraum aufgrund der vergangenen starken Abweichungen in einer Richtung erheblich vom vorgegebenen Losabstand   e n t f e r n e n
würde. Damit wäre aber die Anforderung "ausgewogenes Verhältnis zwischen Rüst- und Kapitalbindungskosten" nicht erfüllt. Zur Erfüllung dieser Anforderungen ist es daher vorteilhaft, zu versuchen, bei der Ermittlung der Losgröße eines gerade betrachteten Loses die   v e r -
g a n g e n e n   Abweichungen   m i t   auszugleichen[1][2].

Um diesen Ausgleich zu erreichen, muß bei der Ermittlung der Losgröße
des gerade betrachteten Loses bekannt sein, wie weit und in welcher
Richtung bei den   v o r h e r g e h e n d e n   Losen dieser Position
vom vorgegebenen Losabstand abgewichen wurde. Deshalb wird ein   A b -
w e i c h u n g s k o n t o   geführt. Auf diesem Konto werden die Abweichungen vom vorgegebenen Losabstand bei allen vorhergehenden Losen
verbucht[3]. Bei der Bestimmung der Losgröße wird dann versucht, einen
Losabstand zu erreichen, der der   D i f f e r e n z   aus vorgegebenem
Losabstand und dem Abweichungskonto entspricht. Um weit in der Vergangenheit liegende extreme Abweichungen vom vorgegebenen Losabstand
(z. B. durch Überbrückung von Kapazitätslücken wie Werksurlaub entstanden), die mit großer Sicherheit nicht mehr ausgeglichen werden können, nicht zu lange durch das Abweichungskonto wirken zu lassen, wird

---

1) Der Einwand, daß hier die Kosten, die in der Vergangenheit entstanden sind (z. B. erhöhte Rüstkosten durch häufige Abweichung vom
   Losabstand nach unten) in der Zukunft durch Verursachen anderer
   Kosten (z. B. Kapitalbindungskosten) ausgeglichen werden, ist nicht
   stichhaltig. Bei dieser Denkweise müßte die Produktion eines Loses
   kurz nach dem Rüsten abgebrochen werden.

2) Es wäre sinnlos, jedesmal bei der Bestimmung der Losgröße versuchen
   zu wollen, genau den vorgegebenen Losabstand einzuhalten. Man muß
   sich vergegenwärtigen, daß es sich bei dem vorgegebenen Losabstand
   um eine Durchschnittsgröße (über einen längeren Zeitraum hinweg
   ermittelt) handelt, bei der es im Einzelfall durchaus besser sein
   kann, von ihr abzuweichen.

3) Die Grenze in Richtung Vergangenheit ist dabei nicht der Heute-
   Zeitpunkt, sondern vielmehr der Zeitpunkt der längerfristigen Planung (siehe Abschnitt 5.3.1), zu dem der gerade gültige Losabstand
   ermittelt wurde.

es mittels e x p o n e n t i e l l e r   G l ä t t u n g   erster
Ordnung /13/ geführt.

Die Einführung der Abweichungskontos hat neben der besseren Einhaltung des vorgegebenen Losabstandes über die Zeit den Vorteil, K a -
p a z i t ä t s k o n f l i k t e   bei Positionen mit unterschied-
licher Wirkung der Rastereinheit zu v e r m e i d e n.   Dies wird
an folgendem Beispiel demonstriert (Bild 6.2).

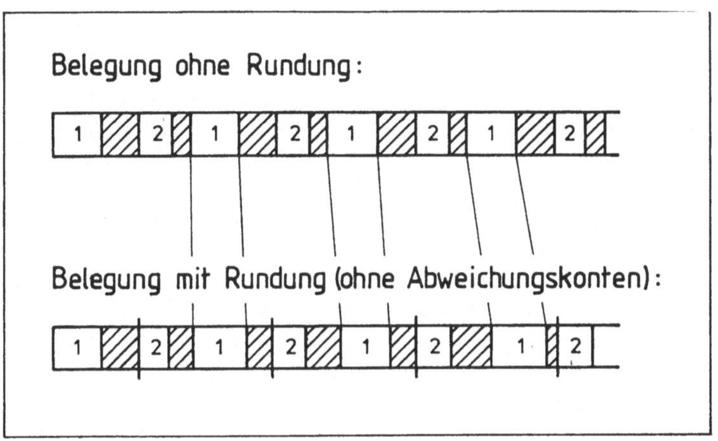

<u>Bild 6.2</u>: Auswirkungen verschiedener Rastereinheiten auf die Belegung

In Bild 6.2 wurde angenommen, daß die Rastereinheit bei der Position 2
so beschaffen ist, daß sich k e i n e   Abweichungen vom vorgegebenen
Losabstand ergeben[1]. Bei der Position 1 hingegen entstehen Abweichungen. Mehrfach hintereinander war aus dem Blickwinkel der jeweiligen
Losbildung eine Aufrundung besser als eine Abrundung. O h n e   Abweichungskonto-Rechnung hat das zur Folge, daß die Lose der Position 1
immer näher an die Position 2 rücken und daß über kurz oder lang
Kapazitätskonflikte entstehen. Dies ist bei der in dem Beispiel an-
genommenen Auslastung[2] der Kapazitätseinheit aber überhaupt n i c h t

---

1) Keine Abweichung ergibt sich im Idealfall dann, wenn die
   Rastereinheit kleiner als die Bedarfsrate ist.
2) Unter Auslastung wird das Verhältnis von Bruttobedarf (siehe Abschnitt 2.2) aller Positionen, die einer Kapazitätseinheit zugeordnet sind und dem Kapazitätsangebot (Abschnitt 4) verstanden.

n o t w e n d i g . Ohne Abweichungskonto-Rechnung wäre damit das
Vorgehensprinzip aus Abschnitt 5.3.1 nicht verwirklicht.

Der Abweichungskontostand ist in Bild 6.1 mit dem Summenzeichen Σ dargestellt. Bei der Position 6 beträgt er zum Heute-Zeitpunkt + 1 Zeitabschnitt. Denmach ist der Losabstand in der Vergangenheit insgesamt
(exponentiell geglättet) um 1 Zeitabschnitt zu lang gewesen. Deswegen
müßte eigentlich beim ersten Los der Position 6 abgerundet werden.
Dies ist aber wegen des voraussichtlichen Kapazitätskonfliktes mit
Position 4 nicht möglich. Es muß aufgerundet werden und damit erhöht
sich der Abweichungskontostand auf + 2 Zeitabschnitte[1].

6.1.3   <u>Die Einlastung und die verschiedenen Einlastungs-
         strategien</u>

Nach der Bestimmung der endgültigen Losgröße ist das betrachtete Los
der Position 6 (hier 300 Stück) noch   e i n z u l a s t e n . Unter
Einlastung wird dabei die   Z u o r d n u n g   von Teilmengen[2] der
Losgröße zu den einzelnen   Z e i t a b s c h n i t t e n   des Planungshorizontes für die Losbildung[3] - vom Starttermin des Loses ausgehend - verstanden. Darüber hinaus wird die   B e l a s t u n g   der
Kapazitätseinheit durch das betrachtete Los zeitabschnittsgenau in einen   B e l a s t u n g s v e r l a u f   BV eingetragen, der je Zeitabschnitt die prozentuale Belastung (in Relation zum Kapazitätsangebot[4]) aufweist.

---

1) Die exponentielle Glättung wurde der Einfachheit wegen im Beispiel weggelassen.

2) Die Teilmenge kann auch die gesamte Losgröße umfassen.

3) In den Bildern als AV (Auftragsverlauf) bezeichnet.

4) In dem Beispiel ist das Kapazitätsangebot in der letzten Zeile der
   Tabelle (Bild 6.3, BV) dargestellt. Jeder Teilstrich der Ordinate
   bedeutet eine Schicht. Die Zahlen über den Zeitabschnitt im Be-
   lastungsverlauf geben die Anzahl der tatsächlich belegten Schichten an.

Die Einlastung geschieht einmal, um K a p a z i t ä t s k o n -
f l i k t e   mit dem Folgelos f e s t s t e l l e n   zu können
(siehe Abschnitt 5.3), zum anderen ist es aus Bestandsminimierungs-
gründen sinnvoll, den zeitabschnittsgenauen Fertigungsablauf des Loses
zu ermitteln. Damit erhält der Disponent der Vorposition (siehe Abschnitt 2.2) zeitabschnittsgenauen Bedarf und kann aufgrund der größeren Genauigkeit seine Sicherheitsbestände g e r i n g e r   halten,
als wenn nur Start- und Endtermin des Loses oder nur der Starttermin
zur Bedarfsermittlung herangezogen würde[1]. Unter Berücksichtigung
der Ausbringung je Schicht, der Anlaufkurve (siehe Abschnitt 5.3.4)
und des Kapazitätsangebotes wird das Los ab Starttermin bis zum Starttermin des Folgeloses (hier Position 5), der vorab entsprechend Abschnitt 6.1.1 ermittelt wurde, v e r t e i l t .

Grundsätzlich sind vier E i n l a s t u n g s s t r a t e g i e n
möglich:

1. G l e i c h v e r t e i l u n g   des Loses. Durch dieses Vorgehen
   wird über die Zeit die gleichmäßigste Auslastung hervorgerufen.

2. W o r s t - C a s e - E i n l a s t u n g ,   bei der das Los ab
   Starttermin so eingelastet wird, daß jeder Zeitabschnitt voll aus-
   gelastet wird. Dabei entstehen gegebenenfalls vor dem Start des
   Folgeloses nicht belastete Zeitabschnitte. Bei dieser Vorgehens-
   weise wird den Vorpositionen der ungünstigste Fall - die gesamte
   Menge wird zum frühesten Zeitpunkt benötigt - mitgeteilt.

3. G l e i c h v e r t e i l u n g   unter Berücksichtigung der
   R a s t e r e i n h e i t :   Bei dieser Strategie wird ebenso
   vorgegangen wie bei Strategie 1. Es werden jedoch je Zeitabschnitt
   nur Mengen eingeplant, die ein ganzzahliges Vielfaches der Rastereinheit betragen. Mit dieser Vorgehensweise soll - im Gegensatz zur
   Gleichverteilung ohne Berücksichtigung der Rasterung - erreicht
   werden, daß Rückmeldung und Vorgabe zeitlich übereinstimmen[2].

---

1) Der Sicherheitsbestand kann damit bedarfsabhängig, d.h. dynamisch
   angegeben werden, z. B. immer 2 Zeitabschnitte Bedarf.

2) Dabei wird vorausgesetzt, daß in der Praxis häufig erst nach voll-
   ständiger Füllung der Transporteinheiten zurückgemeldet wird.

4. W o r s t - C a s e   unter Berücksichtigung der   R a s t e r -
   e i n h e i t .

Die   W a h l   der Einlastungsstrategie wird dem Benutzer (Disponenten)
überlassen. Eine   u n m i t t e l b a r e   Auswirkung auf die Bestandssenkung haben nur die Strategien mit Gleichverteilung, da der
Bestand   l a n g s a m e r   angehäuft wird[1]. Ansonsten richtet sich
die Auswahl nach Zielkriterien des Disponenten (Risikobereitschaft,
gleichmäßige Auslastung), die für den hier entwickelten Algorithmus
k e i n e   Gültigkeit besitzen. Die verschiedenen Einlastungsstrate-
gien müssen jedoch deshalb angeboten werden, da sie dazu beitragen,
den Algorithmus   p r a x i s g e r e c h t e r   zu gestalten (Abschnitt 3). Würde von diesen 4 Möglichkeiten nur eine feste vorgesehen,
in der Realität aber anders produziert, so würde der gleiche Effekt
entstehen, als ob nicht eingelastet würde, d.h. die Disponenten der
Vorpositionen müßten auf zeitabschnittsgenauen Bedarf verzichten und
somit   h ö h e r e   S i c h e r h e i t s b e s t ä n d e   anlegen.

Für die Einlastung des ersten Loses der Position 6 gelten folgende
Daten (siehe Bild 6.3):

- Starttermin: Mittwoch

- Starttermin des Folgeloses: Samstag

- Einlastungsstrategie: Worst-Case gerastert[2]

- Anlaufkurve (ANL): 50, 100 %.
  Die erste Schicht ist zu 50 %, die folgenden Schichten der Losbear-
  beitung sind zu 100 % produktiv nutzbar[3].

Am Mittwoch stehen drei Schichten zur Verfügung. Gemäß der Einlastungsstrategie sind sie voll zu belegen, jedoch mit einer Menge, die ein
ganzzahliges Vielfaches der Rastereinheit ist. Mit der Ausbringung je

---

1) Dieser Effekt macht sich insbesondere bei geringer Auslastung be-
   merkbar. Bei zu geringer Auslastung muß jedoch eine Sperre einge-
   baut werden, die verhindert, daß je Zeitabschnitt zu geringe Mengen eingeplant werden.

2) Die ist aus Bild 6.3 nicht ersichtlich.

3) Das bedeutet beispielsweise, daß das Rüsten eine halbe Schicht
   beträgt.

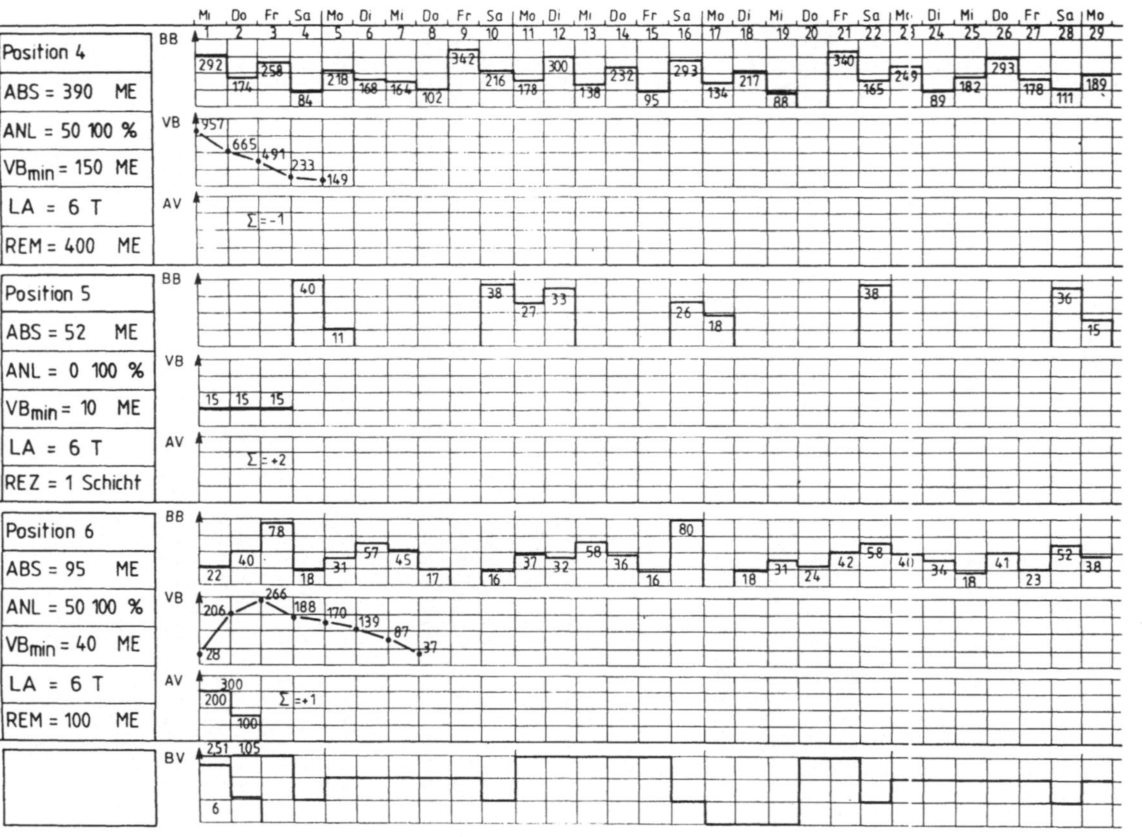

Bild 6.3: Die Bildung des ersten Loses (Position 6)

Schicht (ABS) von 95 wären in 2,5 Schichten (gemindert um die Anlauf-
verluste) 238 Stück zu produzieren. Da die Menge aber ein ganzzahliges
Vielfaches der Rastereinheit sein muß, können höchstens 200 Stück eingeplant werden. Damit ergibt sich eine Belastung des Mittwochs von ca.
87 %. Die restlichen 100 Stück werden am Donnerstag eingeplant. Die
Belastung des Donnertag beträgt damit 35 %.

Die zunächst letzte Aktivität, die die Position 6 betrifft, ist die
Ermittlung des vorläufigen Endtermins des Wiederholloses, wie in Ab-
schnitt 5.3.3 beschrieben[1]. Dies ist zur Ermittlung der Losgröße von
Position 5 erforderlich (Prüfung auf Konfliktfreiheit im Folgezyklus).
Der vorläufige Endtermin ist der Donnerstag.

6.2   Die Bildung des zweiten Loses

6.2.1   Die Mengenbestimmung und die Rasterung

Entsprechend des Prinzips, entlang der Zeitachse vorgehen (Abschnitt
5.3.2), wird nun die Position mit dem   n ä c h s t f r ü h e s t e n
Starttermin von noch nicht eingeplanten Losen gesucht. Das ist die
Position 5. Für die Position 5 wiederholt sich nun das gleiche wie für
Position 6 beschrieben (Bild 6.4).

Der Starttermin der Position 5 ist der Samstag, denn der Bedarf von
40 Stück am Samstag kann mit dem Bestand von 15 Stück nicht mehr gedeckt werden. Die Berechnung der ungerundeten   L o s g r ö ß e   ge-

---

1) Da an dieser Stelle das Abweichungskonto eingeführt ist, kann eine
   weitere Möglichkeit zur Bestimmung der vorläufigen Losdauer dis-
   kutiert werden. In Abschnitt 5.3.4 wurde zur Bestimmung der vorläufigen Losgröße die Addition des Bedarfs im vorgegebenen Losabstand vorgeschlagen. Es wäre nun denkbar, nicht den vorgegebenen
   Losabstand heranzuziehen, sondern den um den Stand des Abweichungskontos berichtigten Losabstand. Durch diese Alternative würde es
   dem Algorithmus erleichtert werden, einen hohen positiven Stand
   des Abweichungskontos (da über die Kapazitätssituation im übernächsten Zyklus nichts bekannt ist) auszugleichen. Zugleich würde
   aber auch das Risiko steigen, bei der späteren Bearbeitung des
   Zyklus Kapazitätskonflikte zu erhalten und damit höhere Bestände
   bei Losbeginn. Da der Anforderung eines ausgewogenen Verhältnisses
   zwischen Rüst- und Kapitalbindungskosten jedoch eindeutig eine
   untergeordnete Bedeutung beigemessen wurde (siehe Abschnitt 5.2),
   wurde diese Alternative nicht gewählt.

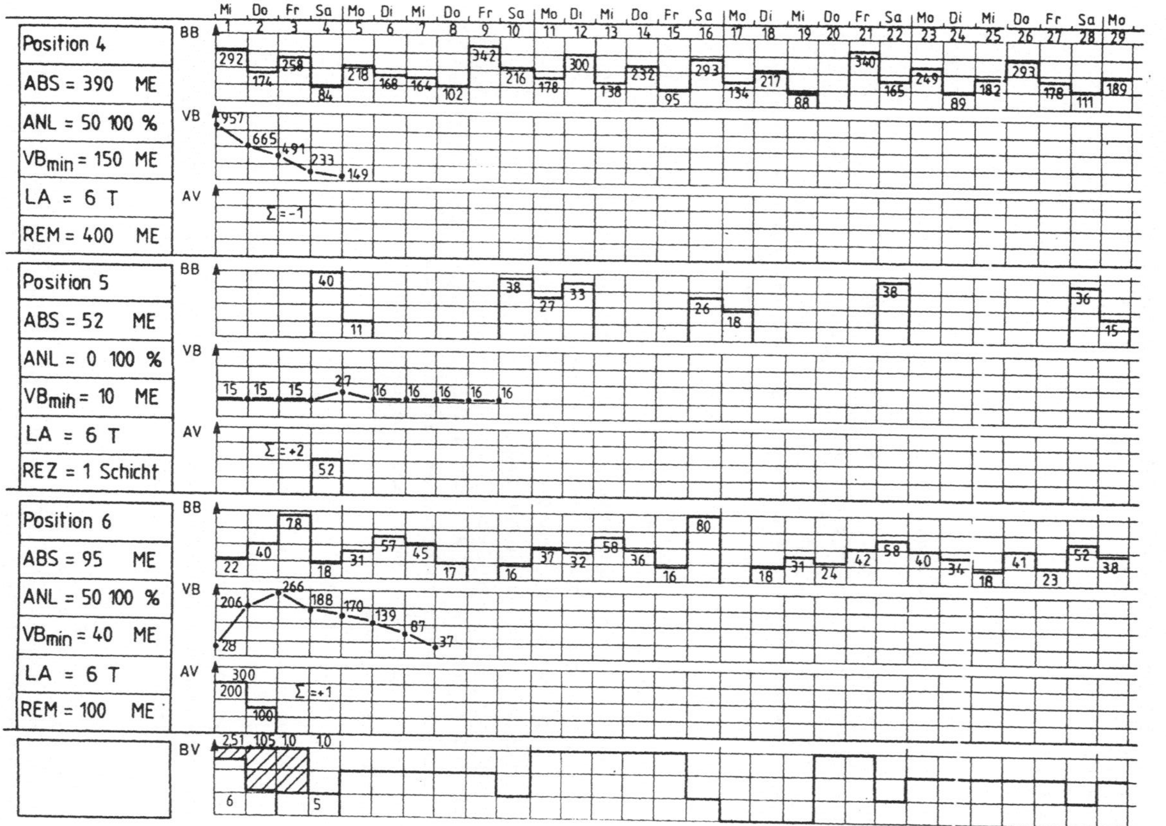

Bild 6.4: Die Bildung des zweiten Loses (Position 5)

geschieht auch hier wie folgt:

Bedarf in den nächsten 6 Zeitabschnitten	51 Stück
- Bestand zum Starttermin	- 15 Stück
+ Mindestbestand	+ 10 Stück
Losgröße	46 Stück

Diese Losgröße ist zu   r a s t e r n .   Im Gegensatz zu Position 6 wird hier in den Stammdaten Zeitrasterung gefordert.

Insgesamt kennt der Algorithmus 4 verschiedene   M ö g l i c h - k e i t e n   d e r   R a s t e r u n g :

1. Die   M e n g e n r a s t e r u n g   bei der P o s i t i o n :
   Die Losgröße wird nach Transporteinheiten gerastert, in denen die gefertigten Teile abtransportiert werden.

2. Die   M e n g e n r a s t e r u n g   bei der   V o r p o s i - t i o n :
   Die Losgröße wird nach Transporteinheiten gerastert, in denen eine der Vorpositionen angeliefert wird.
   Die Folge davon ist, daß die letzte Transporteinheit der be- trachteten Position in der Regel nur teilgefüllt ist.

3. Die   Z e i t r a s t e r u n g :
   Die Losgröße wird so gerundet, daß die Losdauer (einschließlich Anlaufverlusten[1]) immer ganze Zeiteinheiten, also etwa ganze Schichten beträgt.

4. Die   D e z i m a l r a s t e r u n g :
   Die Rundung der Losgröße auf Dezimalstellen ist eine Default- Regelung: Wenn der Anwender   k e i n e   Rastereinheit angibt, rundet der Algorithmus   a u t o m a t i s c h .   Die auto- matische Rundung geschieht deshalb, um die   A k z e p t a n z   der Losgrößen auf der operativen Ebene zu   e r h ö h e n .

---

1) Daraus folgt, daß die Losgröße nur dann ein ganzzahliges Viel- faches der Ausbringung pro Zeiteinheit ist, wenn keine Anlauf- verluste entstehen.

Mit der Dezimalrasterung wird die in Abschnitt 3 geforderte
P r a x i s t a u g l i c h k e i t   des Algorithmus verbessert.
Darüber hinaus sinkt die Wahrscheinlichkeit einer Abweichung zwischen Soll und Ist. Dies führt wiederum langfristig zu   n i e d -
r i g e n   S i c h e r h e i t s b e s t ä n d e n .   Zusätzlich wird der   V e r f a h r e n s a u f w a n d   durch Einschränkung des Freiheitsgrades bei der Losgrößenvariation (Abschnitt 5.3.2)   r e d u z i e r t .   Die Rastereinheit wird vom
Verfahren so gewählt, daß sich die Verschiebung des Wiederholstarttermins im Rahmen der durchschnittlich freien Kapazität bewegt[1].

Die   G r ü n d e   für das Angebot verschiedener Rasterungsmöglichkeiten sind die gleichen wie für das Angebot verschiedener Einlastungs-
strategien (Abschnitt 6.1.3). Die   W a h l   der geeigneten Rasterung muß durch Kostenüberlegungen bestimmt werden. Abhängig von Trans-
port- und Lagerkosten ist für eine Position zu entscheiden, ob nach
der Transporteinheit einer ihrer Vorpositionen oder nach ihrer eigenen
Transporteinheit gerastert wird[2].

Hat die Erleichterung der Werkereinsatzplanung/-steuerung Priorität,
so ist die Zeitrasterung zu wählen; Zeiteinheit ist die Schicht. Diese
Zeitrasterung ist bei Position 5 gewünscht. Da die Rüstzeit aufgrund
der gegebenen Anlaufkurve eine Schicht beträgt, ist die Losgröße immer
auf ganzzahlige Vielfache der Ausbringung einer Schicht (ABS) zu ra-
stern. Die Ausbringung je Schicht ist 52 Stück, die ungerundete Losgröße 46. Obwohl der Abweichungskontostand ein Abrunden erfordern würde, kann in diesem Fall nur aufgerundet werden, da sich beim Abrunden
die Losgröße Null ergeben würde.

---

1) Damit soll erreicht werden, daß der vorgegebene Losabstand unter
   Vermeidung von Kapazitätskonflikten eingehalten wird.

2) Beispiel: Ein Coil (Blechband) wiegt in einem Automobilbetrieb
   mehrere Tonnen. Es muß auf die Schneidevorrichtung, auf der die
   Platinen (Einzelbleche) abgeschnitten werden, gehoben werden.
   Wird es nicht ganz verbraucht, muß es erneut zusammengebunden,
   abgenommen und abtransportiert werden. Dies ist erheblich teurer,
   als teilgefüllte Behälter von Platinen in Kauf zu nehmen.

6.2.2   Die Startterminbestimmung und der Part-Period-Effekt

In Zusammenhang mit dem   s t o ß w e i s e n   Bedarfsverlauf der
Position 5 ist ein weiterer Effekt des Algorithmus zu beschreiben:
Es wird immer nur dann ein Los gestartet, wenn zu diesem Zeitpunkt
B e d a r f   auftritt. Jeder frühere Start würde bewirken, daß die
dann produzierte Menge bis zum Bedarfstermin auf Lager gehalten werden
müßte. Dies würde aber der Anforderung "Starten nur bei Bedarf" (Abschnitt 5.2) widersprechen. Zufällig tritt bei Position 5 der nächste
Bedarf wieder an einem Samstag auf, also genau um den vorgegebenen
Losabstand von 6 Tagen später[1]. Würde der vorgegebene Losabstand
4 Tage betragen, so würde das Wiederhollos dennoch erst am Samstag
und nicht am Donnerstag gestartet. Die Folgen dieses sogenannten
P a r t - P e r i o d - E f f e k t s [2]   sind gravierend. Wenn Position und Vorposition   n i c h t   aufeinander   a b g e s t i m m -
t e   Losabstände[3] besitzen, ist trotz Abweichungskonto-Rechnung
wegen des Part-Period-Effektes der vorgegebene   L o s a b s t a n d
der Vorposition nur   s e l t e n   zu realisieren[4,5]. Durch diesen
Effekt äußert sich die untergeordnete Bedeutung der Anforderung "ausgewogenes Verhältnis zwischen Rüst- und Kapitalbindungskosten".

---

1) Dies braucht kein Zufall zu sein. Hier kann bereits eine Abstimmung
   in der längerfristigen Planung (Abschnitt 5.3.1) zwischen Position
   und Oberposition erfolgt sein.

2) Das Part-Period-Verfahren /20/ geht ebenso vor, allerdings ohne Berücksichtigung der begrenzten Kapazität (siehe Abschnitt 5.1.2).

3) Unter "abgestimmt" wird verstanden, daß der Losabstand der Vorposition ein ganzzahliges Vielfaches des Losabstandes der Position ist.

4) Der Fall, daß eine Position einen größeren vorgegebenen Losabstand
   als die Vorposition hat, wird selten auftreten, da sich die Rüstkosten mit steigender Dispositionsstufe (Abschnitt 2.2) erhöhen,
   die Kapitalbindungskosten jedoch fallen. Damit verlängern sich die
   Losabstände bei steigender Dispositionsstufe. Der Effekt kann aber
   auch dann auftreten, wenn die Position zwar einen kleineren vorgegebenen Losabstand als die Vorposition besitzt, der Losabstand
   der Vorposition jedoch nicht als ganzzahliges Vielfaches des Losabstandes der Position angegeben wird.

5) Bei der Ermittlung des vorzugebenden Losabstandes sind also auch
   mehrstufige Optimierungsaspekte mit einzubeziehen.

Bei der Position 5 im Beispiel tritt dieser Fall jedoch nicht auf.
Der Bedarf fällt in Abständen an, die in etwa dem Losabstand der Position 5 entsprechen. Nach der Ermittlung der Losgröße von 52 Stück ist
zu prüfen, ob Konflikte beim Wiederholstarttermin entstehen. Der Wiederholstarttermin fällt wieder auf einen Samstag. Der vorläufige Endtermin des Wiederholloses der Position 6 ist Donnerstag, so daß keine
Konflikte zu erwarten sind.

6.2.3   <u>Die Einlastung und die Rückwärtsplanung</u>

Die ermittelte Losgröße von 52 Stück ist jetzt noch   e i n z u l a -
s t e n   (siehe Abschnitt 6.1.3). Wie zu erkennen ist, steht am Samstag nur eine Schicht zur Verfügung. Da aber allein das Rüsten (Anlaufkurve) eine Schicht beträgt, könnte der Bedarf von 40 Stück am Samstag
nicht gedeckt werden. Hier wird nun die Tatsache ausgenutzt, daß am
Freitag   k e i n e   Position eingeplant ist. Damit kann das Rüsten
auf den Freitag   v e r l e g t   werden; die Schicht am Samstag steht
für die Produktion zur Verfügung. Dieser Vorgang, einmal ermittelte
Starttermine ggf. unter Inkaufnahme von erhöhten Beständen bei Losbeginn in Richtung Gegenwart vorzuziehen, wird   R ü c k w ä r t s -
p l a n u n g   genannt. Er entspricht der in Abschnitt 5.3.5 ausgewählten Alternative "Vorziehen der Lose" zur Behebung von Kapazitätskonflikten im betrachteten Zyklus. Lediglich der Anlaß ist ein anderer.
Hier wurde während der   E i n l a s t u n g   eine Nichtverfügbarkeit
festgestellt, während das Vorziehen in 5.3.5 aufgrund eines   K o n -
f l i k t e s   mit dem Folgelos (Position 4) vorgeschlagen wurde.
Der Nachteil von erhöhten Beständen bei Losbeginn existiert hier allerdings   n i c h t ,   da nur das Rüsten vorgezogen wird. Durch diesen
Fall wird ein weiterer Grund für die Einlastung erkennbar: die Prüfung,
ob die Bedarfsdeckung auch während der Losdauer gesichert ist. Dazu ist
der   F e r t i g u n g s v e r l a u f   des Loses zu ermitteln.

Nach der Einlastung der Position 5 verbleibt als zunächst letzte Aktivität für die Position 5 die Bestimmung des vorläufigen Endtermins
des Wiederholloses wie in Abschnitt 5.3.4 beschrieben. Dies ist für
die Ermittlung der Losgröße von Position 4 erforderlich (Prüfung auf
Konfliktfreiheit im Folgezyklus). Als vorläufiger Endtermin ergibt sich
der Montag.

6.3 Die Bildung der weiteren Lose

Auf der Suche nach der Position mit dem n ä c h s t f r ü h e s t e n Starttermin eines noch nicht eingeplanten Loses findet der Algorithmus nun die Position 4 (siehe Bild 6.5).

Bei der Ermittlung der Losgröße würde eine Abrundung zum Termin Montag führen, der jedoch der vorläufige Endtermin der Position 5 ist. Deswegen kommt nur eine A u f r u n d u n g in Frage. Diese paßt zufällig zum Stand des Abweichungskontos, der n e g a t i v ist und damit ohnehin eine Aufrundung erfordert hätte.

Die Ecktermine für die Einlastung sind der Starttermin des Loses (Montag) und der Starttermin des folgenden Loses (Position 6, Donnerstag). Gemäß der Einlastungsstrategie "Worst-Case ohne Rasterung"[1] wird die Menge ab Starttermin unter Ausnutzung der gesamten Kapazität eingelastet. Dabei wird die Anlaufkurve berücksichtigt.

Der Algorithmus wird mit der Einplanung des Wiederholloses[2] der Position 6 fortgesetzt. Auf diese Weise wird der Planungshorizont für die Losbildung sukzessive entlang der Zeitachse (entsprechend Abschnitt 5.3.3) abgearbeitet. Der Algorithmus b r i c h t   a b , wenn die vorgeschriebene Länge des Planungshorizontes für die Losbildung (bezüglich einer Kapazitätseinheit) erreicht ist.

Das E r g e b n i s des Algorithmus ist in Bild 6.6 dargestellt. Die K a p a z i t ä t s l ü c k e von Montag bis Mittwoch (Zeitabschnitt 17-19) wird ohne S o n d e r a b w i c k l u n g berücksichtigt[3]. Mit dem zweiten Los der Position 6 wird die Kapazitätslücke zuerst erreicht. Eine Abrundung des zweiten Loses ist nicht möglich, da dann ein Konflikt mit dem zweiten Los der Position 4 entstehen würde. Damit bleibt nur die Aufrundung. Mit der Aufrundung würde der

---

1) Die Einlastungsstrategie ist in der linken Spalte des Bildes 6.5 nicht aufgeführt.

2) Wiederhollos wird das Los aus der Sicht des ersten, jetzt bereits eingeplanten Zyklus genannt.

3) Konventionelle Fertigungssteuerungssysteme berücksichtigen längere Zeiträume ohne Kapazitätsangebot (z. B. bei Werksurlaub) nicht. In diesen Fällen muß manuell eingegriffen werden.

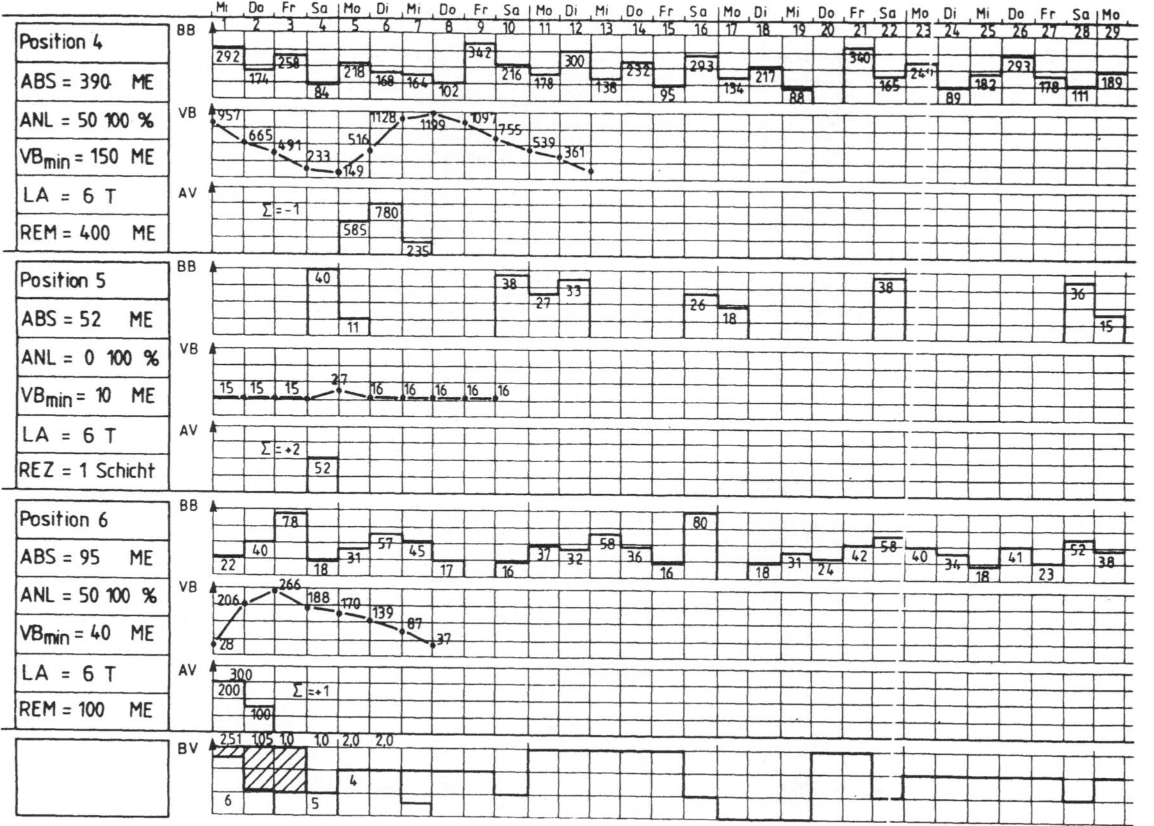

Bild 6.5: Bildung des dritten Loses (Position 4)

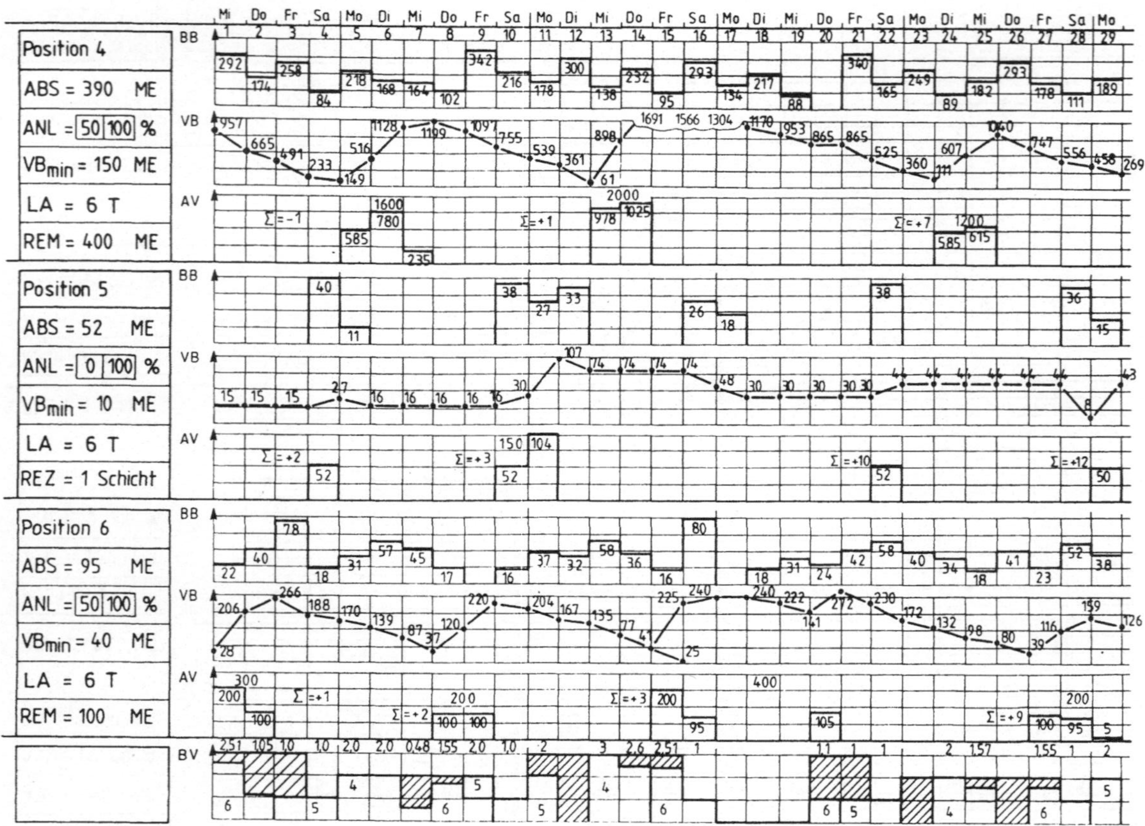

Bild 6.6: Endergebnis des Losbildungsalgorithmus

Wiederholstarttermin auf den Zeitabschnitt 16 fallen. Der Bedarf von 80 Stück zu diesem Zeitpunkt könnte nicht gedeckt werden. Deswegen muß eine R ü c k w ä r t s p l a n u n g vorgenommen werden, in der das Wiederhollos um einen Zeitabschnitt auf den Zeitabschnitt 15 vorgezogen wird. Dies erhöht zwar die Bestände bei Losbeginn, gewährleistet aber die Bedarfsdeckung. Das Wiederhollos der Position 6 setzt sich nach der Kapazitätslücke fort. Um einen Kapazitätskonflikt mit dem Wiederhollos von Position 6 zu vermeiden, muß das zweite Los der Position 5 erheblich v e r g r ö ß e r t werden, da der Wiederholstarttermin nach dem Zeitabschnitt 20 liegen muß. Damit wird vom vorgegebenen Losabstand weit abgewichen. Das Abweichungskonto erhöht sich entsprechend um 6 Zeiteinheiten auf + 9 Zeiteinheiten. Das zweite Los der Position 4 muß auch sehr groß bemessen werden, um einen Kapazitätskonflikt mit der Position 5 im Folgezyklus zu vermeiden. Bei den f o l g e n d e n Losen wird dann versucht, diesen, nun bei allen Positionen hohen Abweichungskontostand wieder teilweise[1] a b z u - b a u e n . Dazu reicht jedoch der vorgegebene Planungshorizont bei dieser Losbildung nicht aus. Der Abbau des Abweichungskontos kann erst in weiteren Losbildungen erfolgen.

6.4 Bewertung bezüglich Anforderungen und Zielsetzung

Wie aus Bild 6.6 zu erkennen ist,

- ist bei jeder Position der B e d a r f   zu jedem Zeitpunkt im Planungshorizont g e d e c k t ,

- wird die vorgegebene Kapazitätsobergrenze n i c h t   ü b e r - s c h r i t t e n , das Kapazitätsangebot aber auch nicht völlig gleichmäßig genutzt,

- sind alle Lose entsprechend der gewünschten Rasterart g e - r a s t e r t ,

- wird ein Los n u r bei B e d a r f g e s t a r t e t (Position 5).

---

1) Wegen des Einflusses der exponentiellen Glättung wird es nicht vollständig abgebaut.

Die Anforderung "minimale Bestände bei Losbeginn" ist beim dritten
Los der Position 6 um 1 Stück nicht erfüllt. Wie in Abschnitt 5.3.5
dargelegt, wird aus Aufwandsgründen in einigen Fällen, die jedoch in
der Regel selten auftreten, auf die vollständige Erfüllung dieser Anforderung verzichtet.

Die Anforderung "ausgewogenes Verhältnis zwischen Rüst- und Kapitalbindungskosten" soll durch möglichst gute Einhaltung des Losabstandes
im Durchschnitt über die Zeit erfüllt werden. Im Beispiel wird jedoch
stark vom vorgegebenen Losabstand abgewichen. Dies beruht darauf, daß
in einem relativ weit in der Zukunft liegenden Teil des vorgegebenen
Planungshorizontes eine K a p a z i t ä t s l ü c k e auftritt.
Um diese zu überbrücken, müssen die Lose a l l e r Positionen vergrößert werden. Durch diese Maßnahme werden den Anforderungen "begrenzte Kapazität" und "ständige Bedarfsdeckung" eindeutig P r i o r i -
t ä t vor der Einhaltung des vorgegebenen Losabstandes gewährt. Da
die Kapazitätslücke jedoch am Ende des vorgegebenen Planungshorizontes
auftritt, hat der Algorithmus n i c h t mehr die Chance, innerhalb
des betrachteten Planungslaufes diese hohe positive Abweichung vom vorgegebenen Losabstand a u s z u g l e i c h e n . Erst in späteren
Planungsläufen wird dies aufgrund des Abweichungskontos geschehen. Das
bedeutet, daß t e m p o r ä r vom vorgegebenen Losabstand zugunsten
der Erfüllung obiger Anforderungen a b g e w i c h e n werden kann.
Dies ist kein Widerspruch zur Erfüllung der Anforderung "ausgewogenes
Verhältnis zwischen Rüst- und Kapitalbindungskosten", denn es ist ausreichend, wenn der vorgegebene Losabstand über einen l ä n g e r e n
Zeitraum im Durchschnitt[1] eingehalten wird (siehe Abschnitt 6.1.2).

Darüber hinaus ist aus Bild 6.6 zu erkennen, daß die Lose z e i t -
a b s c h n i t t s g e n a u unter Berücksichtigung der Anlaufkurve
ausgewiesen werden. Die g e n a u e Ermittlung hat den Vorteil, daß
das Ergebnis des Algorithmus unmittelbar als V o r g a b e für die
Fertigung verwendet werden kann. Damit und mit dem Angebot mehrerer Ein-
lastungsstrategien und Rasterungsmöglichkeiten wird das Ziel der
p r a k t i s c h e n E i n s e t z b a r k e i t des Algorithmus
(Abschnitt 3) unterstützt. Die genaue Ermittlung der Lose besitzt wei-

---

1) Die Betrachtung von nur 3 Losen je Position reicht dazu jedoch
   nicht aus.

terhin den Vorteil, daß der Sicherheitsbestand bei den Vorpositionen g e r i n g gehalten werden kann, da der Bedarf zur Beschaffung bzw. Bereitstellung der Vorpositionen g e n a u bekannt ist.

Aufgrund der einfachen und damit a u f w a n d s p a r e n d e n Arbeitsweise des Verfahrens kann ein l a n g e r Planungshorizont bearbeitet werden. Dadurch entsteht ein f r ü h z e i t i g bekannter und aufgrund des Mindestbestandes s t a b i l e r Plan. Auch diese Eigenschaften führen zu einer höheren Z u v e r l ä s - s i g k e i t für die Bedarfsermittlung der Vorpositionen und damit zu einer R e d u z i e r u n g des S i c h e r h e i t s b e - s t a n d e s bei den Vorpositionen.

Bisher wurde der Algorithmus   i s o l i e r t   für eine Kapazitätseinheit und deren zugeordnete Positionen beschrieben. Der Algorithmus
soll aber in einem kapazitätsorientierten Fertigungssteuerungssystem
einsetzbar sein (siehe Abschnitt 3). In diesem Abschnitt werden die
dazu notwendigen Aktivitäten abgeleitet.

7.1   Problemstellung

In der Großserienfertigung ergeben sich sehr häufig   B e d a r f s -
ä n d e r u n g e n   (siehe Abschnitt 2.1). Würde jede Bedarfsänderung eine   n e u e   Losbildung auslösen, wäre der Rechenaufwand im-
mens hoch. Die ständig neu geplanten Lose würden zu Unruhe und Chaos
auf der operativen Ebene führen. Dabei ist es aus folgenden Gründen
häufig gar nicht notwendig, eine neue Losbildung durchzuführen, wenn
sich der Bedarf geändert hat:

1. Bedarfsänderungen können sich gegenseitig   a u f h e b e n .

2. Eine   B e d a r f s e r h ö h u n g   kann über den   M i n -
   d e s t b e s t a n d   abgedeckt werden.

3. Eine   B e d a r f s s e n k u n g   kann nur eine   g e r i n g -
   f ü g i g e   Erhöhung des Bestandes auslösen.

Entscheidend dafür, ob eine Losbildung durchgeführt werden muß, ist
also, wie sich der   P l a n b e s t a n d   (siehe Abschnitt 6) durch
die Bedarfsänderungen verändert[1]. Um die Häufigkeit der Losbildung
zu vermindern und damit auch die einmal geplanten Lose möglichst lange

---

1) Änderungen des Planbestandsverlaufes können nicht nur durch Bedarfsänderungen, sondern auch durch Änderungen des Anfangsbestandes (siehe Abschnitt 6) entstehen. Änderungen des Anfangsbestandes sind das Resultat von Soll-Ist-Abweichungen. Entweder wurde nicht so viel verbraucht wie an Bedarf geplant war, oder es
   wurde nicht so viel produziert, wie für den vergangenen Zeitabschnitt geplant war. Änderungen des Anfangsbestandes können aus
   der Sicht ihrer Wirkung auf den Planbestand wie sehr kurzfristige
   Bedarfsänderungen interpretiert werden. Sie werden deshalb im
   folgenden nicht explizit erwähnt.

Zeit aufrechtzuerhalten, bietet es sich daher an, nach jeder erfolg-
ten Losbildung um die entstandene Planbestandskurve eine   H ü l l -
k u r v e [1]   zu legen, die obere und untere   T o l e r a n z
(Bild 7.1a). Nach jeder Bedarfsänderung wird geprüft, ob die Planbe-
standkurve die obere oder untere Toleranzkurve schneidet (Bild 7.1b).
In diesem Falle (Toleranzfeldüberschreitung) gilt der Plan als   u n -
z u l ä s s i g .

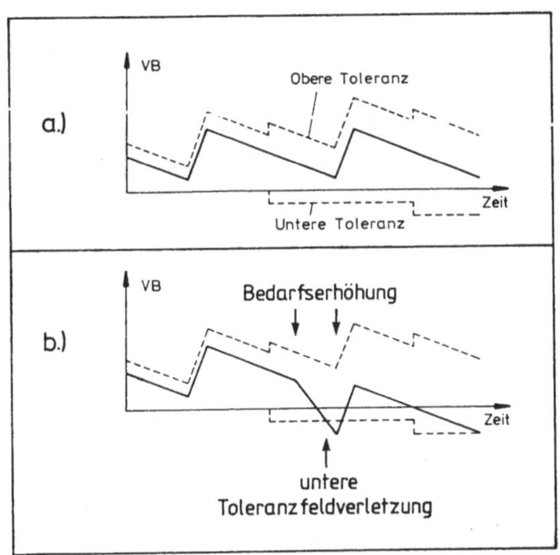

<u>Bild 7.1</u>: Verletzung von Planbestandstoleranzen

Die Korrektur der Planbestandskurve und die Prüfung auf Toleranzfeldüberschreitung werden von dem kapazitätsorientierten   F e r t i g u n g s -
s t e u e r u n g s s y s t e m   durchgeführt. Im Falle einer Toleranzfeldüberschreitung wird die Teilfunktion "Losbildung"   a n g e s t o s -
s e n . Die Aufgabe des Losbildungsalgorithmus ist es nun, entsprechend
darauf zu   r e a g i e r e n , d.h. die geplanten Lose so zu   ä n -
d e r n , daß die Anforderungen aus Abschnitt 5.2 wieder erfüllt sind.
Hierbei müssen jedoch die Auswirkungen auf die Vorpositionen betrachtet

---

1) Es ist sinnvoll, daß sich die Hüllkurve in Richtung Zukunft
   öffnet, da z. B. für eine weit in der Zukunft liegende Nichtverfügbarkeit noch genügend Zeit besteht, sie zu beheben.

werden (siehe Abschnitt 2.2). Beim Bestellrhythmusprinzip werden die Lose z.B. so geändert, daß Bedarfsänderungen durch Losänderungen in Richtung G e g e n w a r t vorgezogen werden. Auf B e d a r f s e r h ö -
h u n g e n   kann dann bei den Vorpositionen oft planerisch nicht
mehr reagiert werden (siehe Abschnitt 5.1.2).
Konventionelle Fertigungssteuerungssysteme berücksichtigen die ur-
sprünglich geplanten Lose nur im Bereich der eingefrorenen Zone[1].
Außerhalb dieser Zone werden aufgrund der aktuell vorliegenden Be-
darfs- und Bestandssituation n e u e   Lose geplant. Innerhalb der
eingefrorenen Zone ändert das System weder Mengen noch Termine bereits
geplanter Lose[2]. Deshalb existiert auch bisher noch keine Vorgehensweise für Änderungen an bereits geplanten Losen. Eine solche Vorgehensweise soll im folgenden entwickelt werden.

---

1) Dies ist ein Zeitintervall, das immer am Heute-Zeitpunkt beginnt.
   Bei COPICS /33/ wird dieser Bereich Eröffnungshorizont genannt.

2) Aufgrund der neuen Bedarfs- und Bestandssituation werden bei
   Nichtverfügbarkeiten neue Lose vorgeschlagen. Bei Überdeckungen
   wird lediglich ein Hinweis ausgegeben.

7.2   Anforderungen

Bei einem Fertigungssteuerungssystem, durch das die Bestände mini-
miert werden sollen, müssen die L o s e   mengen- und terminmäßig
e x a k t   auf den B e d a r f   abgestimmt sein (siehe Abschnitt
2.2). Bestandspuffer in Form von Sicherheitsbeständen bzw. langen
Durchlaufzeiten sind nur in begrenztem Maße akzeptierbar. Es kann daher nicht erwartet werden, daß Ä n d e r u n g e n   von Losen auf
der nächsten Dispositionsstufe durch Bestandspuffer aufgefangen werden. Andererseits verbietet es sich auch, eine längere eingefrorene
Zone zu definieren, da dies zu Lasten der F l e x i b i l i t ä t
geht. Vielmehr ist zu fordern, daß Änderungen bereits geplanter Lose
so durchzuführen sind, daß bei a l l e n   V o r p o s i t i o n e n
(gegebenenfalls über mehrere Stufen) noch p l a n e r i s c h   reagiert werden kann, also durch Änderung geplanter Lose bei den Vorpositionen und nicht durch Zugriff auf deren Sicherheitsbestand zum Heute-
Zeitpunkt (siehe Abschnitt 5.1.2). Diese Anforderung ermöglicht es damit erst, daß die Anforderung "Bedarfsdeckung" (siehe Abschnitt 5.2)
bei den V o r p o s i t i o n e n   erfüllt werden kann.

Darüber hinaus sind bei den zu ändernden Losen der betrachteten Position alle Anforderungen des Abschnittes 5.2 zu erfüllen.

7.3   Prinzipielle Überlegungen

Aus Aufwandsgründen ist es   n i c h t   möglich, jede Änderung von
Losen daraufhin zu prüfen, ob auf die Auswirkungen dieser Änderungen
bei allen Vorpositionen (gegebenenfalls über mehrere Stufen) noch
p l a n e r i s c h   r e a g i e r t   werden kann. Die Änderungen
von Losen sind vielmehr so durchzuführen, daß mit g r o ß e r
W a h r s c h e i n l i c h k e i t   noch eine planerische Reaktion
möglich ist. Je weiter die geänderten Lose in der Zukunft liegen, desto
wahrscheinlicher ist es, daß bei den Vorpositionen noch planerisch reagiert werden kann. Also muß es ein Ziel sein, nur weit in der Z u -
k u n f t   liegende Lose zu ändern und die g e g e n w a r t s -
n a h e n   Lose möglichst unberührt zu lassen. Um dieses Ziel zu erreichen, wird die genaue Kenntnis des Z e i t a b s c h n i t t e s ,
ab dem der Plan nicht mehr z u l ä s s i g   ist (siehe Abschnitt 7.1)

genutzt[1] und nur die Lose   n a c h   dem Termin der Toleranzfeldüberschreitung geändert. Die Lose zwischen dem Heute-Zeitpunkt und
dem Termin der ersten Toleranzfeldüberschreitung werden   n i c h t
verändert, da dieser Teilplan noch zulässig ist. Damit wird immer
nur so   f r ü h   w i e   n o t w e n d i g   geändert. Dieses Vorgehen sorgt für   P l a n u n g s r u h e   im gegenwartsnahen Bereich[2] und   e r h ö h t   die Wahrscheinlichkeit einer planerischen
Reaktion auf diese Änderungen bei den Vorpositionen.

Aufgrund der verhältnismäßig   l a n g e n   Zeiträume, über die bei
der hier vorausgesetzten Form der Losgrößenfertigung (Stoßfertigung,
siehe Abschnitt 4) Bedarf zusammengefaßt wird, kann sich eine lang-
fristige Änderung auf einer höheren Dispositionsstufe sehr schnell
im kurzfristigen Bereich auswirken (Abschnitt 5.1.2). Daher muß obiges
Vorgehen, nur den unzulässigen Teil des Planes zu ändern, noch weiter
v e r f e i n e r t   werden. Das Prinzip für die Verfeinerung wird
schematisch für eine   o b e r e   und eine   u n t e r e   Toleranzfeldüberschreitung (Bedarfssenkung und Bedarfserhöhung) dargestellt.
Im Bild 7.2 sind die Lose und die Planbestandsverläufe von Position
und Vorposition dargestellt. Dabei deckt die Vorposition (B) entsprechend ihres   g e r i n g e r e n   Wertes jeweils zwei Lose der Position A ab. Im folgenden soll vorausgesetzt werden, daß   j e d e   Bedarfsänderung eine Toleranzfeldüberschreitung verursacht.

Ergibt sich zwischen dem 2. und 3. Los der Position A eine   B e -
d a r f s s e n k u n g   und damit eine   o b e r e   Toleranzfeldüberschreitung, so sind zwei Reaktionen möglich, um die Erfüllung der
Anforderung "minimale Bestände bei Losbeginn" (Abschnitt 5.2) wieder
zu erreichen. Einmal kann das   n a c h f o l g e n d e   Los 3 so

---

1) Bei konventionellen Fertigungssteuerungssystemen ist dieser Zeitabschnitt nicht bekannt, da ein Planbestand, wie er hier verstanden wird, nicht existiert. Deshalb wird global anhand von Bedarfs-
   toleranzen über die Zulässigkeit oder Unzulässigkeit eines Planes
   geurteilt /34/. Deswegen muß auch eine willkürliche eingefrorene
   Zone definiert werden.

2) Auch im gegenwartsnahen Bereich können Bedarfsänderungen auftreten,
   die jedoch kein Verlassen der Toleranz bewirken. Würde das Verfahren ab dem Heute-Zeitpunkt aufsetzen, würden sich aufgrund dieser
   Bedarfsänderungen auch Losänderungen ergeben.

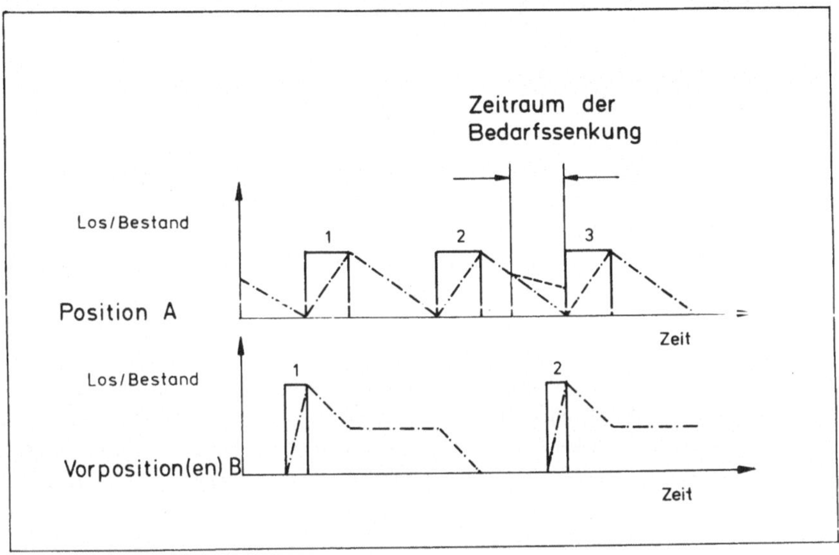

Bild 7.2: Reaktion bei einer Bedarfssenkung

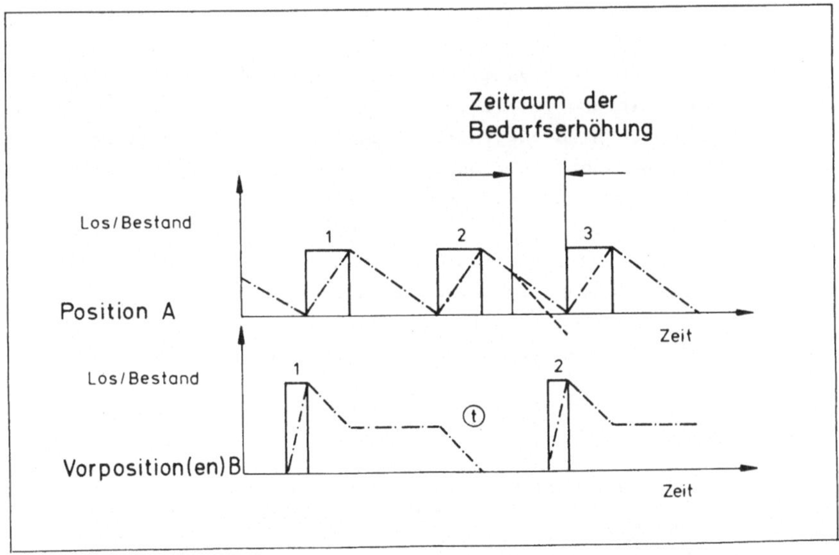

Bild 7.3: Reaktion bei einer Bedarfserhöhung

lange in Richtung Z u k u n f t   g e s c h o b e n   werden, bis
der Bestand zu Beginn des 3. Loses wieder minimal ist. Die Folge davon ist, daß der Bedarf bei der Position B, der aufgrund des 3. Loses
der Position A entsteht, später eintrifft. Damit wird auch bei der
Position B eine   o b e r e   Toleranzfeldüberschreitung hervorgerufen. Minimale Bestände bei Losbeginn können dadurch wieder hergestellt werden, daß das 2. Los der Position B ebenfalls in Richtung Z u k u n f t   g e s c h o b e n   wird, da es zu dem ursprüng-
lich geplanten Termin nicht mehr notwendig ist. Mit einer derartigen
Reaktionsweise[1] bleibt die Auswirkung der Bedarfsreduzierung in der
Z u k u n f t .   Da eine Bedarfssenkung aber immer   K a p a z i -
t ä t s g e w i n n   darstellt, ist es sinnvoll die Auswirkungen einer Bedarfssenkung möglichst weit in Richtung   G e g e n w a r t
zu ziehen. Kapazitätsgewinn ist im gegenwartsnahen Bereich immer wert-
voller als in der Zukunft, da bei kurzfristigen Engpässen   w e n i -
g e r   Zeit zu deren Behebung besteht. Beispielsweise können mit dem
Kapazitätsgewinn kurzfristige Bedarfserhöhungen bei den Vorpositionen
gedeckt werden. Durch diese Vorgehensweise steigt also die Wahrscheinlichkeit, daß bei den Vorpositionen noch planerisch reagiert werden
kann (Anforderung aus Abschnitt 7.2). Um die Auswirkung der Bedarfssenkung weit in Richtung Gegenwart zu ziehen, kann man sich des
" V o r z i e h - E f f e k t e s ",   der bei der hier vorausgesetzten Form der Losgrößenfertigung auftritt, bedienen[2]. Wird im Beispiel
statt einer Verschiebung des 3. Loses der Position A das 2. Los   r e -
d u z i e r t ,   so sind ebenfalls wieder minimale Bestände bei Losbeginn erreicht. Bei der Position B hat dies zur Folge, daß aufgrund
des reduzierten Bedarfs zum Zeitpunkt t eine   o b e r e   Toleranzfeldüberschreitung stattfindet. Reagiert man hier nun genauso und   r e -
d u z i e r t   das   v o r h e r g e h e n d e   Los, so wird die Auswirkung der Bedarfssenkung erheblich in die   G e g e n w a r t   gezogen. Damit kann festgehalten werden, daß es bei einer   o b e r e n
Toleranzfeldüberschreitung sinnvoll ist, das   v o r h e r g e h e n d e

---

1) Diese Reaktionsweise entspricht dem Bestellpunktprinzip, durch
   das Bedarfsänderungen nicht in Richtung Gegenwart gezogen werden
   (siehe Abschnitt 5.1.2).

2) Der starke Vorzieheffekt entsteht durch die relativ langen Zeiträume, über die Bedarf zusammengefaßt wird.

Los zu r e d u z i e r e n [1].

Die Situation bei einer B e d a r f s e r h ö h u n g ist im
Bild 7.3 dargestellt. Wird wie auf eine Bedarfssenkung reagiert, so
muß das der Bedarfserhöhung v o r h e r g e h e n d e Los 2 der
Position A e r h ö h t werden. Dies hat zur Folge, daß bei der
Position B zum Zeitpunkt t eine Verletzung der u n t e r e n Toleranzgrenze auftritt. Durch eine E r h ö h u n g des vorhergehenden
Loses 1 ist die Bedarfsdeckung wieder herzustellen. Wenn aber das Los
1 nicht mehr erhöht werden kann, da es bereits in der V e r g a n -
g e n h e i t liegt, so ist der Bedarf nur noch durch Zugriff auf
S i c h e r h e i t s b e s t ä n d e der Position B zu decken.
Durch diese Reaktionsweise[2], immer das vorhergehende Los zu erhöhen,
werden die langen Zeiträume, über die Bedarf zusammengefaßt wird, voll
wirksam. Die Auswirkungen der Bedarfserhöhung werden in Richtung G e -
g e n w a r t gezogen. Dies w i d e r s p r i c h t jedoch der
Forderung aus Abschnitt 7.2, da selbst längerfristige Bedarfserhöhungen nicht mehr ohne Zugriff auf den Sicherheitsbestand zu decken wären.
Deshalb ist bei einer Bedarfserhöhung eine andere Reaktion angebracht.
Statt Erhöhung des vorhergehenden Loses wird das F o l g e l o s 3
solange v o r g e z o g e n , bis die Nichtverfügbarkeit (siehe
Abschnitt 5.1.2) beseitigt ist. Bei der Vorposition B hat dies zur
Folge, daß vor dem 2. Los die u n t e r e Toleranzgrenze über-
schritten wird. Zieht man nun auch bei Position B das F o l g e l o s
v o r , so bleibt die Auswirkung der Bedarfserhöhung in der Z u -
k u n f t . Mit dieser Reaktionsweise[3] steigt also die Wahrscheinlichkeit auch auf k u r z f r i s t i g e Bedarfserhöhungen planerisch, d.h. ohne Angreifen des Sicherheitsbestandes, reagieren zu können. Damit ist festzuhalten, daß es bei einer u n t e r e n Toleranzfeldüberschreitung sinnvoll ist, das n a c h f o l g e n d e
Los vorzuziehen.

---

1) Diese Reaktion entspricht genau dem Bestellrhythmusprinzip, das
   Bedarfsänderungen grundsätzlich in Richtung Gegenwart zieht
   (siehe Abschnitt 5.1.2).

2) Diese Reaktionsweise entspricht dem Bestellrhythmusprinzip.

3) Diese Reaktionsweise entspricht dem Bestellpunktprinzip.

Diese schematischen Beispiele stellen vereinfachte Idealfälle dar.
An ihnen sollten lediglich Tendenzen aufgezeigt werden, die sich
(über mehrere Dispositionsstufen verstärkt) bei den verschiedenen
Reaktionen auf Toleranzfeldüberschreitungen ergeben.

Mit der geschilderten Vorgehensweise wird bei einer

- o b e r e n   Toleranzfeldüberschreitung (Bedarfssenkung) der
  "Vorzieh-Effekt" bewußt   g e n u t z t ,   der durch die Be-
  darfszusammenfassungs-Zeiträume entsteht, um den Kapazitätsgewinn möglichst nah an die Gegenwart zu ziehen,

- u n t e r e n   Toleranzfeldüberschreitung (Bedarfserhöhung) der
  "Vorzieh-Effekt" bewußt   v e r m i e d e n ,   um auch auf möglichst   k u r z f r i s t i g e   Bedarfserhöhungen noch planerisch   r e a g i e r e n   zu können.

7.4   Der Algorithmus

Der hier vorgeschlagene Algorithmus zur Umsetzung obiger prinzipieller
Vorgehensweise besteht lediglich darin, einen bestimmten   Z e i t -
a b s c h n i t t   zu   b e s t i m m e n ,   zu dem der Algorithmus
aus Abschnitt 6   a u f s e t z t   und den Rest der Planes   n e u
p l a n t .   Im folgenden wird daher der in diesem Abschnitt entwickel-
te Algorithmus   A u f s e t z m o d u l [1]   genannt. Zur Unterschei-
dung wird der Algorithmus aus Abschnitt 6 nun als   N e u a u f w u r f -
m o d u l   bezeichnet. Da mehrere Positionen einer Kapazitätseinheit
eine Toleranzfeldüberschreitung aufweisen können, wählt der Aufsetzmodul die   f r ü h e s t e   Toleranzfeldüberschreitung. Handelt es
sich dabei um eine   u n t e r e   Toleranzfeldüberschreitung, so wird
der   A u f s e t z p u n k t   unmittelbar   a u f   den Termin der
Toleranzfeldüberschreitung gesetzt.   A b   diesem Aufsetzpunkt wird
dann ein   N e u a u f w u r f   durchgeführt. Damit wird der Neuaufwurfmodul   g e z w u n g e n ,   das Folgelos vorzuziehen (wie in
Abschnitt 7.3 gefordert), da er das vorhergehende Lose   n i c h t
v e r ä n d e r n   kann[2] (siehe Bild 7.4).

---

1) Durch die Bezeichnung eines Algorithmus mit "Modul" soll hier ausgedrückt werden, daß der Algorithmus als Baustein eines überge-
   ordneten Systems (Losbildung) aufzufassen ist.

2) Dies ist die Reaktion des Bestellpunktprinzips, obwohl der Neuaufwurf zu einem großen Anteil auf dem Bestellrhythmusprinzip aufbaut
   (Abschnitt 5.3.1). Würde vor dem vorhergehenden Los aufgesetzt,
   würde der Neuaufwurfmodul dieses erhöhen und den Losabstand beibehalten (Bestellrhythmusprinzip).

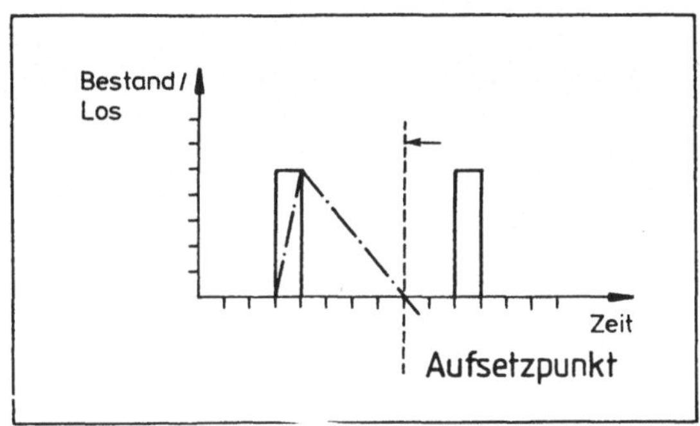

Bild 7.4: Aufsetzen bei einer unteren Toleranzfeldüberschreitung

Wenn durch dieses Vorziehen K a p a z i t ä t s k o n f l i k t e
mit Losen anderer Positionen entstehen, wird vom Neuaufwurfmodul eine
R ü c k w ä r t s p l a n u n g (siehe Abschnitt 6.2.3) angestoßen,
die sich ggf. ü b e r den Aufsetzpunkt weiter in Richtung G e -
g e n w a r t fortsetzt.

Handelt es sich bei der frühesten Toleranzfeldüberschreitung um eine
o b e r e Toleranzfeldüberschreitung, so wird der Aufsetzpunkt
v o r das v o r h e r g e h e n d e Los der betreffenden Position gesetzt (siehe Bild 7.5).

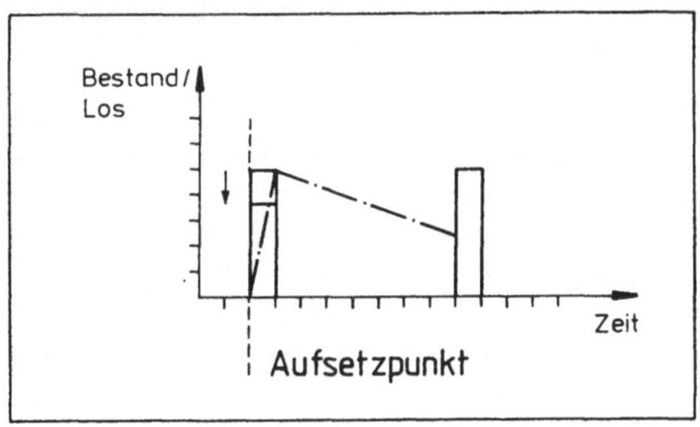

Bild 7.5: Aufsetzen bei einer oberen Toleranzfeldüberschreitung

Der ab diesem Zeitabschnitt startende Neuaufwurf nimmt dann aufgrund seiner Verwandtschaft mit dem Bestellrhythmusprinzip automatisch die R e d u z i e r u n g dieses der Toleranzfeldüberschreitung v o r - h e r g e h e n d e n Loses vor[1] (wie in Abschnitt 7.3 gefordert). Liegt das vorhergehende Los bereits in der Vergangenheit, wird der Aufsetzpunkt auf den S t a r t t e r m i n des Wiederholloses gesetzt, d.h. auf das erste Los der betreffenden Position im Planungshorizont (siehe Bild 7.6).

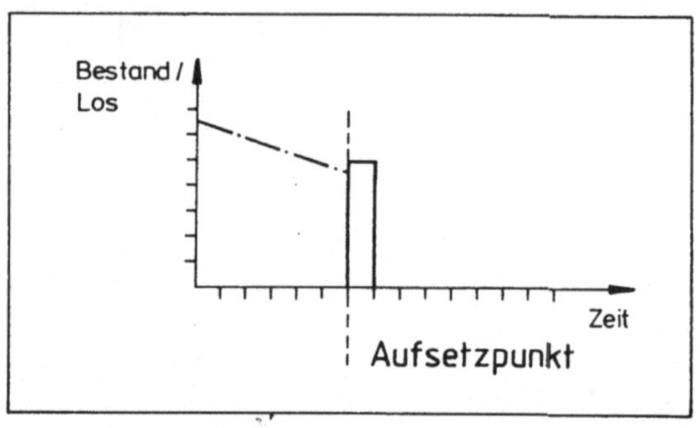

Bild 7.6: Aufsetzen bei einer oberen Toleranzfeldüberschreitung ohne vorhergehendes Los

Der ab diesem Zeitabschnitt startende Neuaufwurf s c h i e b t dann das Los aufgrund der Art der Startterminbestimmung (Abschnitt 6.1.1) so weit in Richtung Z u k u n f t , daß die Bestände bei Losbeginn möglichst minimal sind.

Die Reaktion auf eine o b e r e Toleranzfeldüberschreitung wird im folgenden unter Zugrundelegung des Beispiels aus Abschnitt 6 dargestellt. Seit Aufstellung des Planes für Position 4 (Bild 7.7) haben sich einige Bedarfsänderungen ergeben: Am Mittwoch, dem Zeitabschnitt 1 sind 5 weniger geplant, am Freitag, dem 3. Zeitabschnitt 62 weniger, im 5. Zeitabschnitt 15 mehr, im 10. Zeitabschnitt 109 weniger. Diese letzte B e d a r f s s e n k u n g löst eine o b e r e Toleranz-

---

1) Der Neuaufwurf faßt den Bedarf über den vorgegebenen Losabstand zusammen. Dieser Bedarf ist weniger als in der vorhergehenden Planung. Dadurch wird die Losgröße geringer. Durch die Rasterung können sich jedoch Verschiebungen ergeben.

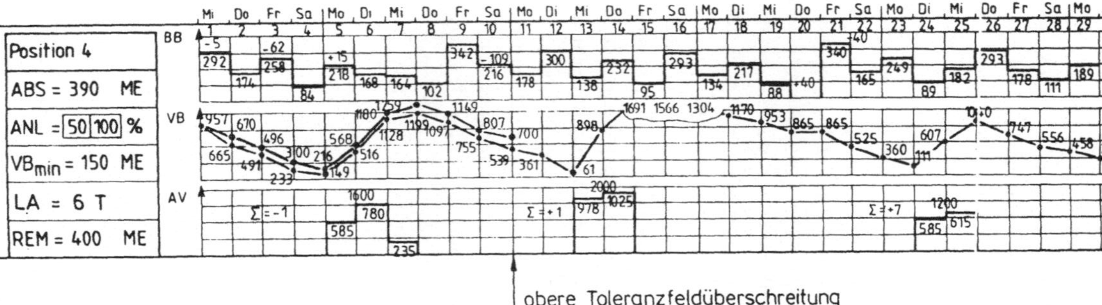

Bild 7.7: Änderungen der Planbestandskurve nach Bedarfsänderungen bei der Position 4

feldüberschreitung aus. Der Aufsetzmodul findet bei obiger Vorgehensweise den Zeitabschnitt 5 als Aufsetzpunkt (Bild 7.8). Die beiden
ersten Auflegungen der Position 5 und 6 bleiben unverändert, obwohl
sich - wie jedoch im Beispiel nicht angenommen - auch bei der Position 5 und 6 Bedarfsänderungen ergeben haben können. Ein Neuaufwurf
ab dem Heute-Zeitpunkt hätte gegebenenfalls zur Folge gehabt, daß
auch diese Lose geändert werden würden. Aufgrund der Kurzfristigkeit
wäre jedoch dann eine planerische Reaktion auf diese Änderung bei den
Vorpositionen sehr unwahrscheinlich gewesen. Im Gegensatz dazu setzt
der Aufsetzmodul den Zeitabschnitt 5 als Aufsetzpunkt fest. Dadurch
wird der gegenwartsnahe Bereich u n v e r ä n d e r t gelassen.
Gemäß dem Algorithmus in Abschnitt 6 findet der Neuaufwurf dann eine
gegenüber der ursprünglichen ersten Losgröße von Position 6 um eine
Rastereinheit (400 Stück) reduzierte erste Losgröße (siehe Bild 7.9).
Damit ist die o b e r e Toleranzfeldüberschreitung, die ja einen
K a p a z i t ä t s g e w i n n darstellt, entsprechend der in Abschnitt 7.3 dargestellten Vorgehensweise um 6 Tage in Richtung Gegenwart gezogen worden. Das Ergebnis des abgeschlossenen Neuaufwurfs
(Bild 7.10) ergibt dann fast das gleiche Bild wie die Ausgangssituation (Bild 6.6), da keine weiteren Bedarfsänderungen aufgetreten sind.
Lediglich das 2. und 3. Los der Position 4 ist um einen Zeitabschnitt
nach vorne gezogen worden. Dies hat seinen Grund darin, daß die Reduzierung des ersten Loses um eine Rastereinheit größer ist als die Summe
der Bedarfssenkungen abzüglich der Bedarfserhöhungen.

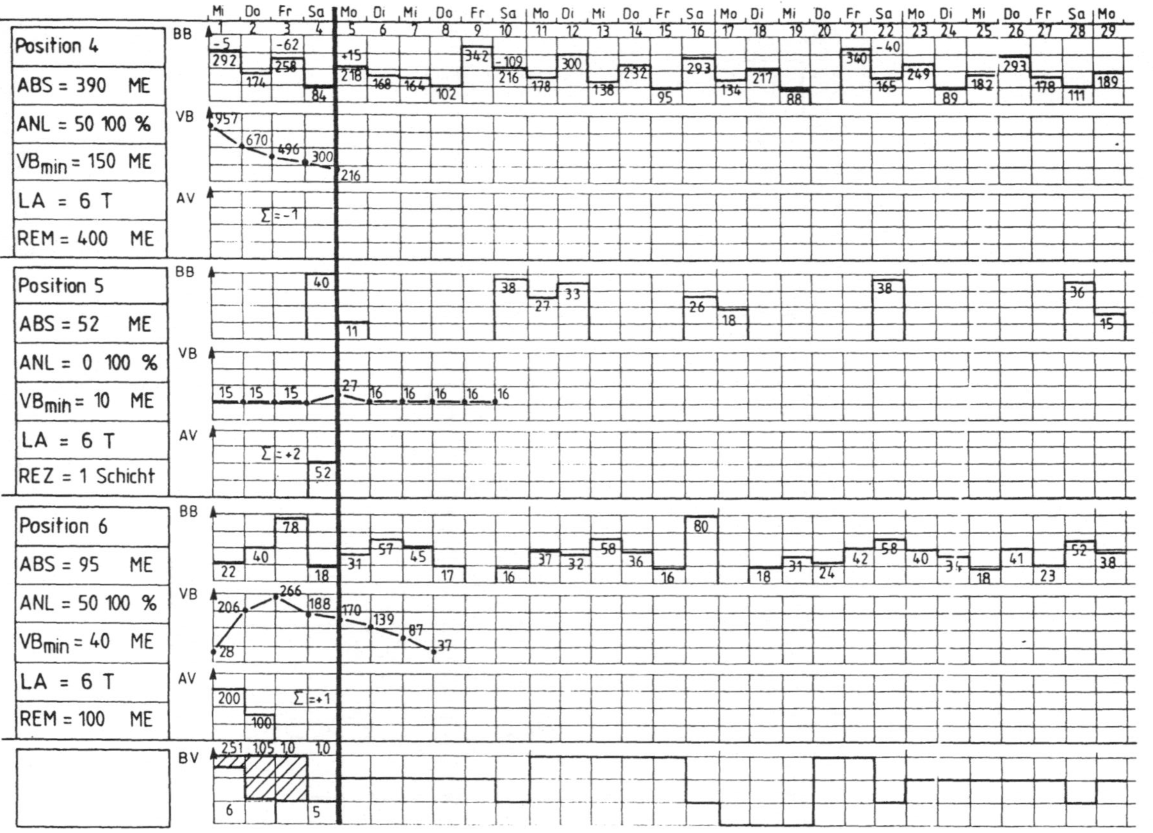

Bild 7.8: Festlegung des Aufsetzpunktes

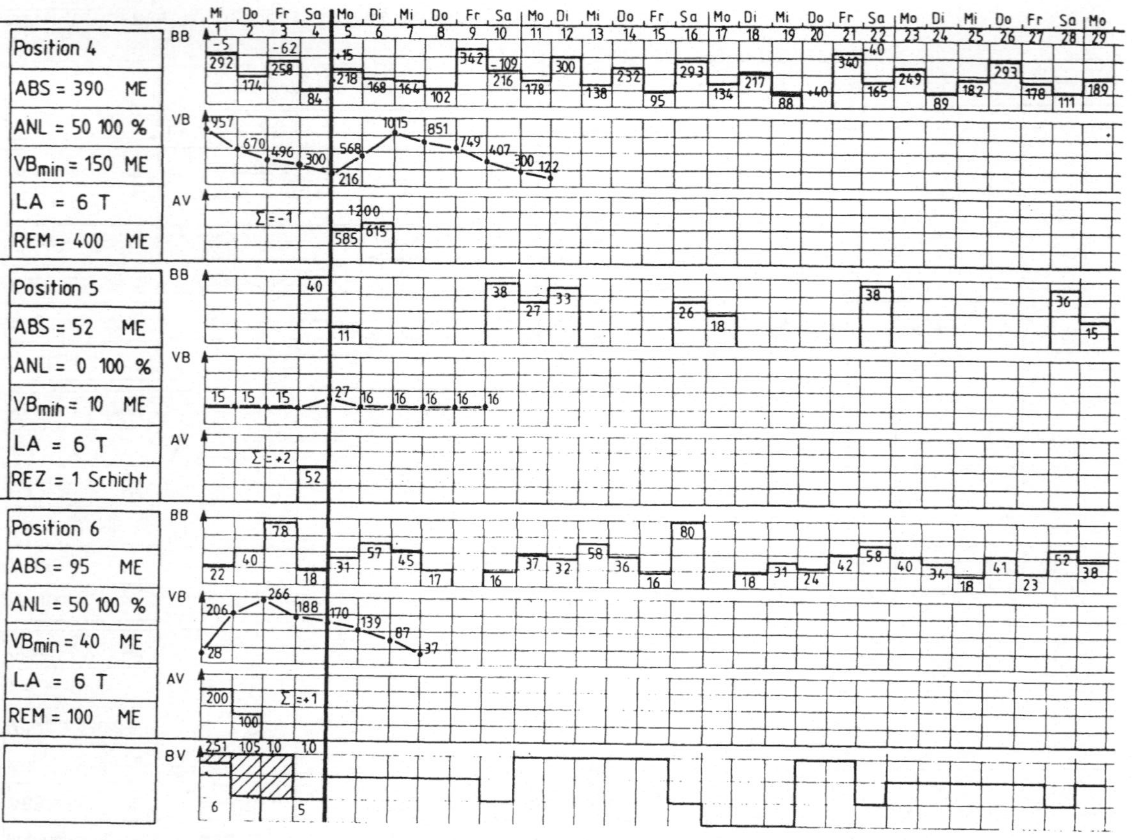

Bild 7.9: Bildung des ersten Loses (Position 4)

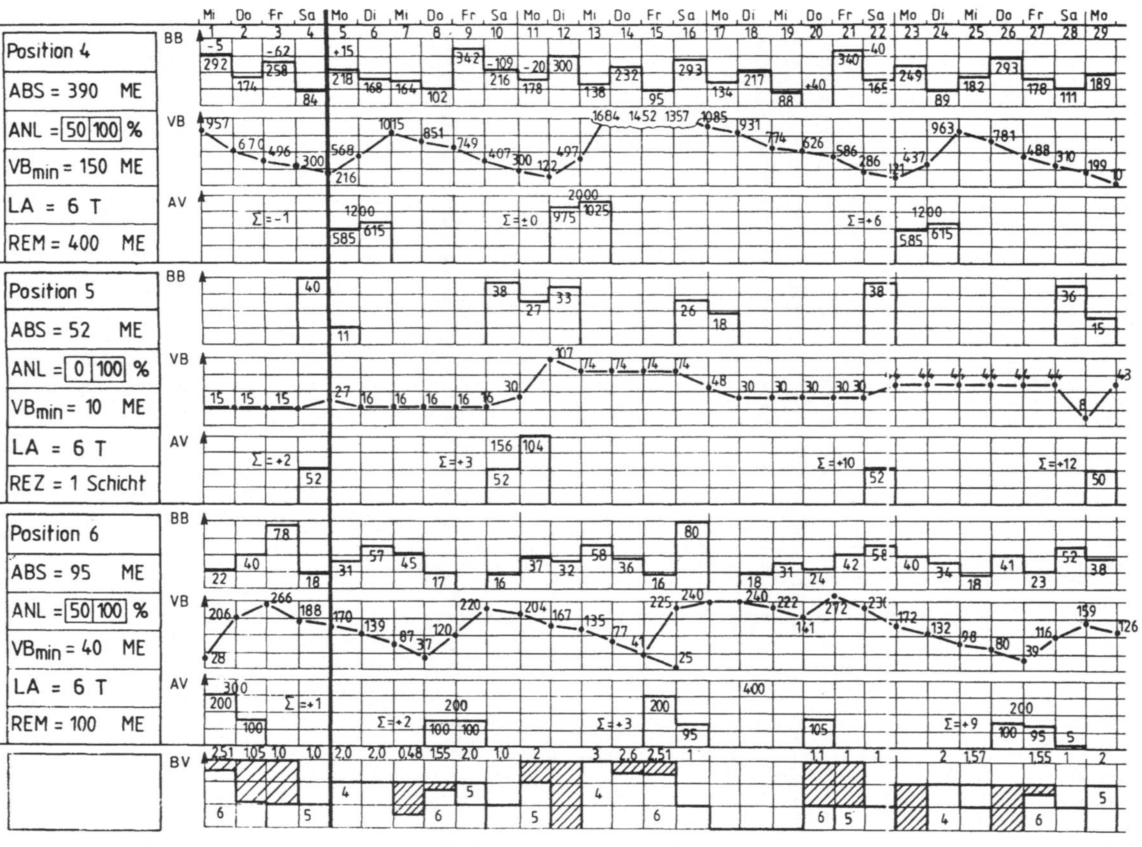

Bild 7.10: Ergebnis des Neuaufwurfmodul

7.5   Bewertung bezüglich der Anforderungen

Die V e r k ü r z u n g des L o s a b s t a n d e s durch die
Reaktion auf eine B e d a r f s e r h ö h u n g unabhängig vom
Stande des Abweichungskontos kann dem Ziel des Neuaufwurfs entgegen-
wirken, das Abweichungskonto a u s z u g l e i c h e n . Daraus
ist ersichtlich, daß auch beim Aufsetzmodul die Anforderung "ausgewogenes Verhältnis zwischen Rüst- und Kapitalbindungskosten" eine
u n t e r g e o r d n e t e Bedeutung besitzt (Abschnitt 5.2). Bei
einer Bedarfserhöhung kann aber auch eine R ü c k w ä r t s p l a -
n u n g notwendig werden[1], die gegebenenfalls bei mehreren Positionen e r h ö h t e Bestände bei Losbeginn nach sich zieht. Dies
ist ein W i d e r s p r u c h zu der entsprechenden Anforderung
aus Abschnitt 5.1.2. Erhöhte Bestände bei Losbeginn sind aus der Sicht
der b e t r a c h t e t e n Kapazitätseinheit und ihrer Positionen
nicht notwendig[2]. Hier müssen jedoch die Ziele für die i s o l i e r -
t e Betrachtung einer Kapazitätseinheit hinter den Interessen des
m e h r s t u f i g e n Systems zurückstehen: Ein geänderter Plan
ohne erhöhte Bestände bei Losbeginn ist z w e c k l o s , wenn die
Vorpositionen auf die Änderungen planerisch nicht mehr reagieren können und Zugriffe auf den Sicherheitsbestand notwendig werden. Im Sinne
des Gesamtoptimums ist es vorteilhaft, in bestimmten Fällen g e -
z i e l t erhöhte Bestände bei Losbeginn hinzunehmen, als g r u n d -
s ä t z l i c h das Risiko, auf die Sicherheitsbestände zugreifen zu
müssen, da letzteres eine g l o b a l e Erhöhung der Sicherheitsbestände zur Folge haben muß.

Die Strategie des Aufsetzmoduls besteht darin, auf die jeweils f r ü -
h e s t e Toleranzfeldüberschreitung so zu reagieren, daß die Vorpositionen mit großer Wahrscheinlichkeit noch planerisch reagieren können. Alle s p ä t e r e n Toleranzfeldüberschreitungen werden da-
hingehend nicht mehr behandelt. Bei unteren Toleranzfeldüberschreitungen wird daher auch das Wiederhollos n i c h t vorgezogen. Dies
soll an folgendem Beispiel (Bild 7.11) demonstriert werden:

---

1) Die Rückwärtsplanung kann durch das Vorziehen des Loses nach der
   unteren Toleranzfeldüberschreitung bei anderen Positionen notwendig werden, wenn vor dem vorzuziehenden Los nicht genügend freie
   Kapazität besteht.

2) Durch eine Erhöhung des der Toleranzfeldüberschreitung vorhergehenden Loses bräuchten keine (ggf. bei mehreren Positionen)
   erhöhten Bestände hingenommen werden.

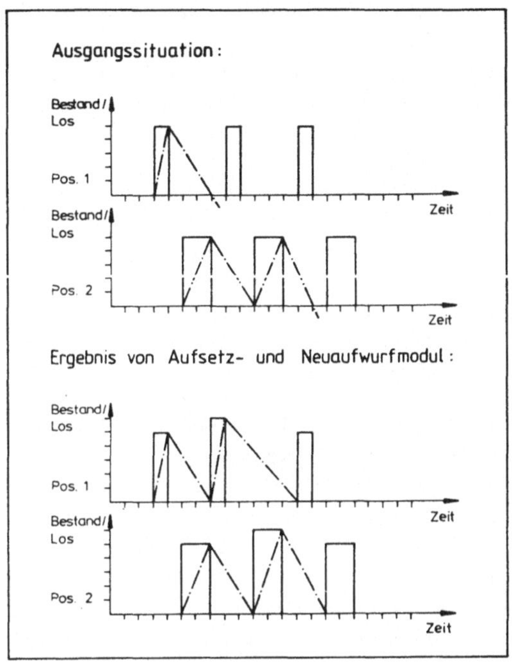

<u>Bild 7.11</u>: Behandlung mehrerer unterer Toleranzfeldüberschreitungen

Position 1 und 2 werden gemeinsam auf einer Kapazitätseinheit hergestellt. Bei beiden Positionen tritt eine   u n t e r e   Toleranzfeldüberschreitung auf, bei Position 1   f r ü h e r   als bei Position 2. Der Neuaufwurfmodul   e r h ö h t   aufgrund seiner engen Verwandtschaft mit dem Bestellrhythmusprinzip das vorhergehende Los bei Position 2, statt das Wiederhollos vorzuziehen. Die Vorgehensweise, erst den Aufsetzmodul und dann den Neuaufwurfmodul einzusetzen, soll im folgenden mit A bezeichnet werden. Eine andere Vorgehensweise B wäre denkbar: Der Neuaufwurfmodul wird   n i c h t   eingesetzt, sondern ein intelligenter, mengen- und terminverändernder   Ä n d e r u n g s m o d u l   führt für   j e d e   Toleranzfeldüberschreitung die notwendige Planänderung durch[1].

---

1) Wie dieser Modul im Einzelnen vorgeht, insbesondere wie er mit vertretbarem Aufwand Kapazitätskonflikte vermeidet, soll hier nicht weiter entwickelt werden. Die Einführung der Vorgehensweise B dient lediglich dazu, den Kompromiß bei der Erfüllung der Anforderungen "Reaktionsfähigkeit der Vorpositionen" und "ausgewogenes Verhältnis zwischen Rüst- und Kapitalbindungskosten" innerhalb der gewählten Vorgehensweise A zu verdeutlichen.

Der N a c h t e i l dieser Vorgehensweise B besteht darin, daß ein
Plan entsteht, der einen wesentlich g e r i n g e r e n durchschnittlichen Losabstand als vorgegeben besitzt. Vorteilhaft ist, daß
bei den Vorpositionen mit großer Wahrscheinlichkeit auf diese Planänderung noch p l a n e r i s c h reagiert werden kann.

Die Anwendung der hier vorgeschlagenen Vorgehensweise A hat dagegen
den V o r t e i l , daß sich ein Plan ergibt, in dem mit großer
Wahrscheinlichkeit der vorgegebene Losabstand b e s s e r als bei
Vorgehensweise B eingehalten ist, da der Neuaufwurf nach dem Aufsetzen
alle bisherigen Abweichungen wieder ausgleicht. Bei dieser Vorgehensweise s i n k t jedoch die Wahrscheinlichkeit, daß die Vorpositionen noch planerisch reagieren können.

Mit Vorgehensweise B wird auf a l l e Bedarfserhöhungen mit dem
Vorziehen des Folgeloses reagiert. Dies ist jedoch nicht notwendig,
da bei l ä n g e r f r i s t i g e n Bedarfserhöhungen mit großer
Wahrscheinlichkeit die planerische Reaktionsfähigkeit bei den Vorpositionen s i c h e r g e s t e l l t ist. Deswegen wird bei Vorgehensweise B häufig g r u n d l o s von einer Einhaltung des vorgegebenen Losabstandes abgewichen. Eine M o d i f i k a t i o n der
Vorgehensweise B könnte deshalb darin bestehen, nur auf k u r z -
f r i s t i g e Bedarfserhöhungen durch Vorziehen des Wiederholloses
zu reagieren. Dies ist jedoch deshalb nicht möglich, da aus Aufwandsgründen nicht sicher festgestellt werden kann, ab welchem Zeitpunkt
die Vorpositionen (auch über mehrere Stufen hinweg) noch reagieren können, also welche Bedarfserhöhung als kurzfristige und welche als längerfristige zu behandeln ist.

Bei Vorgehensweise A ist es dagegen wahrscheinlich, daß weiter in der
Zukunft liegende und damit unnötige Verkürzungen des Losabstandes aufgrund von s p ä t e r eintreffenden k u r z f r i s t i g e n
Bedarfserhöhungen durch den anschließenden Neuaufwurf wieder r ü c k -
g ä n g i g gemacht werden. Deshalb wurde die Vorgehensweise A gewählt.
Sie stellt den besten K o m p r o m i ß zwischen der Erfüllung der
Anforderungen "geringer Aufwand", "Reaktionsfähigkeit der Vorpositionen"
und "ausgewogenes Verhältnis zwischen Rüst- und Kapitalbindungskosten"
dar. Die letztere Anforderung würde bei Vorgehensweise B stark v e r -
n a c h l ä s s i g t [1].

---

1) Bei den häufigen Bedarfsänderungen in der Großserie würde die
   Vorgabe eines Losabstandes sinnlos werden.

In diesem Abschnitt soll geprüft werden, wie   g u t   der   N e u -
a u f w u r f m o d u l [1]   die an ihn gestellten Anforderungen erfüllt. Dazu werden lediglich die   Z i e l e [2]

- minimale Bestände bei Losbeginn und
- Einhaltung des vorgegebenen Losabstandes im Durchschnitt über die
  Zeit[3]

herangezogen, da die anderen Anforderungen im wesentlichen   B e -
d i n g u n g e n [4]   darstellen[5]. Für diese Untersuchungen wurde
der Algorithmus   p r o g r a m m i e r t   (siehe Anhang) und mit

---

1) Der Aufsetzmodul wird nicht betrachtet, da zur Prüfung, inwie-
   weit die Anforderungen erfüllt werden, die Programmierung eines
   mehrstufigen Systems notwendig gewesen wäre, das sich aber zum
   Zeitpunkt der Erstellung dieser Arbeit noch im Entwicklungsstadium
   befand (siehe /17/).

2) Unter Zielen sollen Anforderungen verstanden werden, die der Algorithmus möglichst gut erfüllen muß (Soll-Anforderungen).

3) Die ursprüngliche Anforderung lautete: Ausgewogenes Verhältnis
   zwischen Rüst- und Kapitalbindungskosten (siehe Abschnitt 5.2).
   In Abschnitt 5.3.1 wird sie jedoch auf die obige Forderung reduziert.

4) Unter Bedingungen sollen Anforderungen verstanden werden, die der
   Algorithmus in vollem Maße erfüllen muß (Muß-Anforderungen). Hier
   wird im Gegensatz zu Soll-Anforderungen keine Abweichung gestattet.

5) Die Anforderungen "Bedarfsdeckung" und "begrenzte Kapazität" stellen für den Algorithmus Bedingungen dar. Eine Prüfung auf die Quali-
   tät ihrer Erfüllung ist nicht sinnvoll, da der Algorithmus sie entweder erfüllen kann oder nicht. (Er kann sie nicht erfüllen, wenn
   der Bedarf aller Positionen größer als das Kapazitätsangebot ist.)
   Die Rasterung stellt ebenfalls eine Bedingung dar. Auch hier ist
   eine Prüfung nicht sinnvoll, da der Algorithmus so konzipiert ist,
   daß er eine Rasterung immer durchführt. Die Anforderung "Starten
   nur bei Bedarf" ist keine Bedingung, da durch die Rückwärtsplanung
   davon abgewichen werden kann. Sie wird jedoch hier deshalb nicht
   untersucht, da sie entweder nur in Ausnahmefällen relevant ist
   (z.B. versetzter Werksurlaub) oder von anderen Umständen abhängt
   (Bedarfsabstand bei stoßweisem Bedarf).

einer beispeilhaften Datenbasis aus einem Automobilunternehmen g e -
t e s t e t [1] .   Von Interesse ist das Verhalten des Algorithmus,
wenn man

- sukzessive seinen   S p i e l r a u m   durch Erhöhen der Auslastung
  und Vergröbern der Rasterung   e i n s c h r ä n k t   (Abschnitt
  8.1) und

- die im Idealfall vorausgesetzte Konstanz der Umwelt durch Verstärkung
  der Bedarfs- und Kapazitätsschwankungen schrittweise   a b b a u t
  (Abschnitt 8.2).

8.1   Zielerfüllung bei zunehmender Auslastung und Raster-
          einheit

Rückwärtsplanungen und damit erhöhte Bestände bei Losbeginn treten immer dann auf, wenn die geschätzte Losgröße und damit -dauer (siehe Abschnitt 5.3.3) erheblich   ü b e r s c h r i t t e n   wird. Da die
Losgröße nur   u n g e r a s t e r t   und ohne die Berücksichtigung
der Kapazitätssituation im   ü b e r n ä c h s t e n   Zyklus geschätzt
werden kann (Abschnitt 5.3.3), ist eine erhebliche Überschreitung der
geschätzten Losdauer nur bei

- einer im Verhältnis zur Bedarfsrate sehr   g r o ß e n   R a -
  s t e r e i n h e i t   bzw.

- k n a p p e r   Kapazität im übernächsten Zyklus

wahrscheinlich. Hinzu kommt, daß die   Z i e l g e n a u i g k e i t
bezüglich der Steuerung des Wiederholstarttermins mit der Größe der
Rastereinheit erheblich abnimmt. Es können also in der Zukunft
g r o ß e   L ü c k e n   in der Belegung entstehen, durch die ebenfalls Kapazität "verbraucht" wird, die nur durch   R ü c k w ä r t s -
p l a n u n g e n   wieder "hereingeholt" werden kann. Insofern kommt
der Bemessung der Rastereinheit im Verhältnis zur Bedarfsrate eine
große Bedeutung zu. Ist sie zu   g r o ß   und herrscht zusätzlich

---

[1] Die Ergebnisse des Tests stellen daher lediglich Tendenzen dar.
    Die erhaltenden Werte können nicht als repräsentativ angesehen
    werden.

noch k n a p p e Kapazität, so werden häufige Rückwärtsplanungen
und damit e r h ö h t e Bestände bei Losbeginn die Folge sein. Um
diese Aussage zu bestätigen, wurde der programmierte Algorithmus mit
50, 70 und 90 % Auslastung gefahren. Zugleich wurde die Rastereinheit
im Verhältnis zur Bedarfsrate bei allen Positionen sukzessive von 45 %
auf 150 % der Bedarfsrate erhöht. Wie aus Bild 8.1 zu erkennen ist,
stiegen mit Erhöhung der Rastereinheit und der Kapazitätsauslastung
auch die Bestände bei Losbeginn.

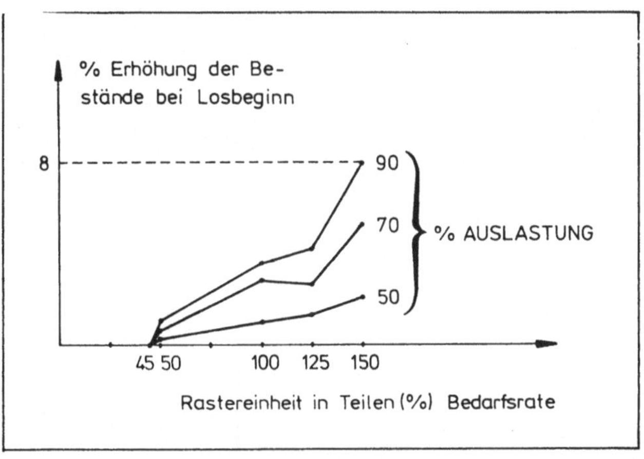

Bild 8.1: Erhöhung der Bestände bei Losbeginn bei zunehmender Auslastung und Rastereinheit

Bei knapper Kapazität und großer Rastereinheit werden also ständig
Rückwärtsplanungen stattfinden. Die hohen Bestände bei Losbeginn sind
bei knapper Kapazität jedoch akzeptabel, da dann die Herstellkosten je
Stück und damit die Kapitalbindungskosten g e r i n g sind. Die
vielen Rückwärtsplanungen erfordern jedoch verfahrensmäßig h o h e n
A u f w a n d . Bei dieser Konstellation ist der Sinn des Einsatzes
des Algorithmus i n F r a g e g e s t e l l t , da die Anwendung
seines schlagkräftigsten Instruments, die vorausschauende V a r i a -
t i o n d e r L o s g r ö ß e n (siehe Abschnitt 5.3.2), stark
e i n g e s c h r ä n k t ist. Diese Konstellation deutet vielmehr
auf die Anwendung h e r k ö m m l i c h e r Algorithmen[1] hin, bei

---

1) Klassische Kapazitätsterminierungsalgorithmen, siehe Abschnitt 2.2.

denen eine Variation der Losgröße erst gar nicht versucht wird.

Ist g e n ü g e n d Kapazität vorhanden, so wird bei g r o ß e n
Rastereinheiten immer in Richtung Z u k u n f t ausgewichen. Dabei
entstehen zwar wegen reichlicher Kapazität s e l t e n Kapazitätskonflikte, aber die E i n h a l t u n g des L o s a b s t a n -
d e s ist g e f ä h r d e t . Um diese Aussage zu bestätigen,
wurde bei 50 - 90%iger Kapazitätsauslastung die Rastereinheit im Verhältnis zur Bedarfsrate wie oben sukzessive gesteigert. Dabei wurde
die prozentuale Erhöhung des durchschnittlichen tatsächlichen Losabstandes über alle Positionen hinweg gemessen. Wie sich aus Bild 8.2
ergibt, erhöht sich der Losabstand mit steigender Rastereinheit und
das um so mehr, je niederiger die Auslastung ist[1].

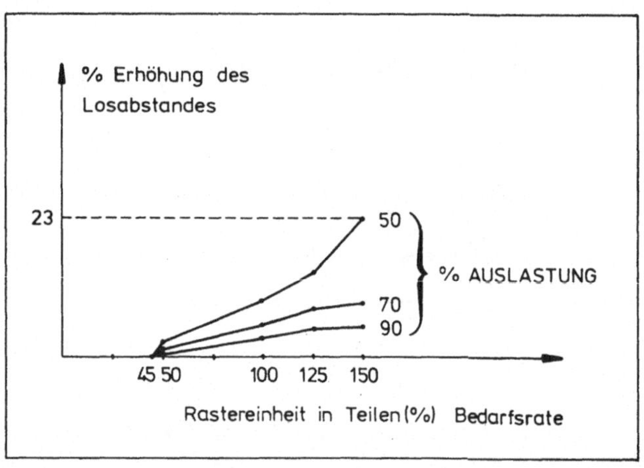

<u>Bild 8.2</u>: Erhöhung des Losabstandes bei zunehmender Auslastung und
Rastereinheit

---

1) Je höher die Auslastung desto häufiger wird der Losabstand durch
   die Rückwärtsplanung wieder verkürzt.

8.2 Zielerfüllung bei zunehmenden Bedarfs- und Kapazitätsangebotsschwankungen

Durch die enge Verwandtschaft zum B e s t e l l r h y t h m u s -
p r i n z i p [1] (siehe Abschnitt 5.1.2 und 5.3.1) ergeben sich weder bei Bedarfsbergen k ü r z e r e noch bei Bedarfstälern
l ä n g e r e Losabstände (wie etwa beim Bestellpunktprinzip). Dadurch werden sowohl K a p a z i t ä t s k o n f l i k t e und
damit erhöhte Bestände bei Losbeginn als auch Abweichungen vom vorgegebenen L o s a b s t a n d v e r m i e d e n . Darüber hinaus wird terminliche U n r u h e in Abhängigkeit von Bedarfsschwankungen sowie h ä u f i g e s R ü s t e n (vermehrter Kapazitätsbedarf) bei Bedarfsbergen verhindert. Schwankt der Bedarf allerdings in d e r Form, daß immer längere Bedarfslücken auftreten
(stoßweiser Bedarf) und "paßt" der vorgegebene Losabstand nicht zum
Bedarfsabstand, so wird sich eine A b w e i c h u n g vom vorgegebenen Losabstand aufgrund des Part-Period-Effektes ergeben (siehe
Abschnitt 6.2.2).

Um obige Aussagen zu bestätigen, wurden Bedarfsstrukturen mit verschiedener Standardabweichung (0, 10, 50, 100 %) von der durchschnittlichen
Bedarfsrate untersucht, wobei in der Bedarfsstruktur mit 100 % Standardabweichung eine Position einen stoßweisen Bedarfsverlauf besitzt, dessen Bedarfsabstand größer als der vorgegebene Losabstand aber kein ganzzahliges Vielfaches ist. Um die Beobachtung der Wirkung auf den tatsächlichen Losabstand und die Bestände bei Losbeginn nicht zu stören,
wurde dabei eine 50%ige Kapazitätsauslastung und eine kleine Rastereinheit (10 % der Bedarfsrate) angenommen. Wie aus Bild 8.3 ersichtlich
ist, verändert sich der Losabstand nennenswert lediglich bei stoßweiser
Bedarfsstruktur. Somit können obige Aussagen voll bestätigt werden.

K a p a z i t ä t s a n g e b o t s b e r g e werden von dem Verfahren i g n o r i e r t . Es wird also immer nur so viel Kapazität
verplant, wie der anfallende B e d a r f v e r l a n g t . Diese
Aussage geht aus der Konzeption des Verfahrens hervor (Zusammenfassung
des Bedarfs, Einlastung) und braucht nicht empirisch überprüft zu werden[2].

---

1) Die enge Verwandtschaft zum Bestellrhythmusprinzip ist nur gegeben, wenn die Rastereinheit im Verhältnis zur Bedarfsrate möglichst klein ist (siehe Abschnitt 5.3.1).

2) Herkömmliche Kapazitätsterminierungsverfahren (siehe Abschnitt
   2.2) füllen immer die gegebene Kapazität und erzeugen damit hohe
   Bestände.

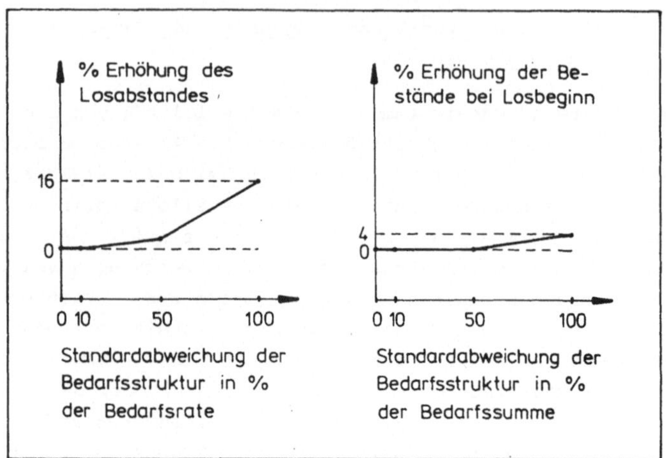

<u>Bild 8.3</u>: Veränderung der Zielgrößen bei zunehmenden Bedarfsschwan-
kungen

V o r   K a p a z i t ä t s a n g e b o t s t ä l e r n   tendiert das
Verfahren dazu,   h ö h e r e   Losgrößen und damit   g r ö ß e r e
Losabstände zu bilden (siehe beispielsweise Abschnitt 6.3). Damit wird
erreicht, daß   i n   Kapazitätsangebotstälern der vorgegebene Losabstand
beibehalten werden kann,   o h n e   daß Rückwärtsplanungen angestoßen
werden müssen. Die nicht genutzte Kapazität   v o r   Tälern wird dazu
verwendet, das Kapazitätsdefizit   i n n e r h a l b   von Tälern auszugleichen, aber nicht durch Vorziehen, wie dies bei konventionellen
Fertigungssteuerungssystemen (Abschnitt 2.2) geschieht (und wodurch
Bestände bei Losbeginn geschaffen werden), sondern durch   v o r a u s -
s c h a u e n d e   Vergrößerung der Losgröße. Je stärker das Kapazitätsangebot schwankt, desto stärker wird also die Abweichung vom vorgegebenen Losabstand sein. Die Bestände bei Losbeginn werden sich
nicht erhöhen. Um diese Aussagen zu bestätigen, wurden 4 verschiedene
Kapazitätsangebotsstrukturen betrachtet:

1. Konstantes Kapazitätsangebot
   (in jedem Zeitabschnitt 2-Schicht-Betrieb).

2. Kürzere und flache Täler
   (Samstag 1-Schicht-Betrieb, sonst 2 Schichten).

3. Längere und tiefere Täler

   (3- bis 4-tägiger Ausfall durch Wartung, kürzere Betriebs-
   ferien, etc.).

4. Lange und tiefe Täler

   (14-tägiger Betriebsurlaub zusätzlich zu den Verhältnissen
   von 3.).

Um die Wirkung der verschiedenen Kapazitätsangebotsstrukturen auf den
Losabstand und den Bestand bei Losbeginn nicht zu stören, wurde eine
50%ige Kapazitätsauslastung und eine kleine Rastereinheit (10 % der
Bedarfsrate) angenommen. Wie aus Bild 8.4 zu erkennen ist, erhöht sich
der Losabstand mit der Intensität der Täler. Die Bestände bei Losbeginn erhöhen sich nicht. Nur bei starken und vor allen Dingen   l a n -
g e n   Tälern kommt es zu   R ü c k w ä r t s p l a n u n g e n ,
da der Algorithmus nicht in den   ü b e r n ä c h s t e n   Zyklus
blicken kann.

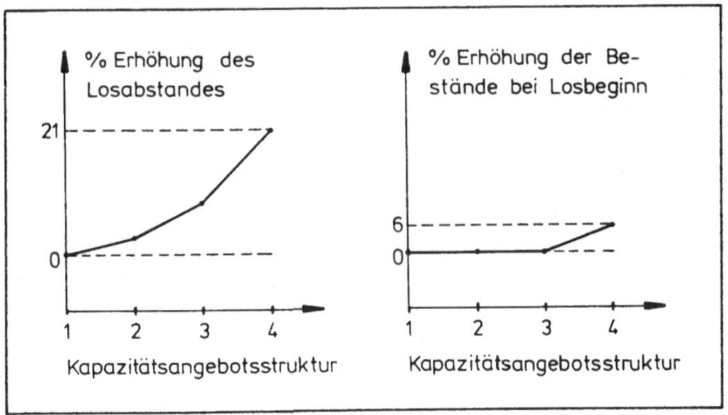

<u>Bild 8.4</u>: Veränderung der Zielgrößen bei zunehmenden Kapazitäts-
schwankungen

Zur Bestandsminimierung in der Großserie mit mehrstufiger Linienfertigung ist es in der Fertigungssteuerung notwendig,   b e g r e n z t e
K a p a z i t ä t   auf   j e d e r   Dispositionsstufe zu berücksichtigen. In dieser Arbeit wurde deshalb ein   k a p a z i t ä t s -
o r i e n t i e r t e r   Losbildungsalgorithmus entwickelt, der darüber hinaus konsequent alle Möglichkeiten ausnutzt, die   B e s t ä n -
d e   möglichst   g e r i n g   zu halten. Der Algorithmus stellt keine
theoretische, frei im Raum stehende Entwicklung dar, sondern kann als
folgerichtige Weiterentwicklung bzw.   V e r b e s s e r u n g   in der
Praxis erprobter Prinzipien aufgefaßt werden. Dies ist daraus ersichtlich, daß er als Kombination seit langem bekannter Losbildungsprinzipien, - Bestellpunkt und Bestellrhythmus - angesehen werden kann, die
um Konfliktprüfungs- und -beseitigungsaktivitäten erweitert wurde.

Der Charakter des   B e s t e l l r h y t h m u s p r i n z i p s
bleibt dadurch bestehen, daß die (variable) Losgröße so bestimmt wird,
daß sie möglichst immer den Bedarf in einem vorgegebenen   L o s a b -
s t a n d   abdeckt. Dadurch wird die sensible Reaktion auf Bedarfsschwankungen, wie sie beim alleinigen Bestellpunktprinzip vorliegt,
abgeschwächt. Die Wahrscheinlichkeit von Kapazitätskonflikten sinkt.
Damit ist es unnötig, hohe Bestände zur Beseitigung dieser Konflikte
in Reserve zu halten. Der Charakter des   B e s t e l l p u n k t -
p r i n z i p s   fließt in Form der für den Algorithmus bestehenden
Unteilbarkeit der   R a s t e r e i n h e i t   ein. Zusammen mit der
ebenfalls durch das Bestellpunktprinzip abgedeckten Anforderung der
minimalen Bestände bei Losbeginn ergibt sich eine Verkürzung bzw. Verlängerung des gewünschten Losabstandes. Die dadurch entstehenden variab-
len Termine werden genutzt, um zusammen mit der   v a r i a b l e n
Losgröße   v o r a u s s c h a u e n d   Kapazitätskonflikte zu vermeiden. Darin besteht das Wesentliche des Algorithmus, daß er durch bewuß-
tes Ausnutzen der Veränderbarkeit der Losgröße den Wiederholstarttermin
(unter Berücksichtigung der Forderung von minimalen Beständen bei Losbeginn) so steuert, daß sich in der Zukunft mit großer Wahrscheinlichkeit   k e i n e   K o n f l i k t e   ergeben. Damit wird das bei herkömmlichen Systemen oft unumgängliche terminliche Vorziehen vermieden,
das zu hohen Beständen führt.

Durch die Fähigkeit Bedarf sowie Kapazitätsangebot z e i t a b -
s c h n i t t s g e n a u zu berücksichtigen und durch die Möglichkeit, verschiedene R a s t e r u n g s m e t h o d e n und
E i n l a s t u n g s s t r a t e g i e n einzusetzen, ergeben sich
der dynamischen Umwelt angepaßte r e a l i s t i s c h e Losgrößen
und -termine und damit v e r l ä ß l i c h e Bedarfsmengen und
-termine für die Vorpositionen. Darüber hinaus werden die Pläne, falls
notwendig, so geändert, daß die R e a k t i o n s f ä h i g k e i t
der V o r p o s i t i o n e n aufrecht erhalten wird. Dadurch kann
auf jeder Dispositionsstufe mit minimalen Sicherheitsbeständen gearbeitet werden. Der Algorithmus wirkt also nicht nur für sich allein
bestandsreduzierend, sondern auch beim E i n s a t z innerhalb
eines mehrstufigen F e r t i g u n g s s t e u e r u n g s s y -
s t e m s .

Neben der Bestandsminimierung stand bei der Entwicklung des Algorithmus vor allen Dingen seine p r a k t i s c h e E i n s e t z b a r -
k e i t im Vordergrund. Die Verwendung e i n f a c h e r Losbildungsprinzipien, die der Disponent aus seiner bisherigen Arbeit kennt,
erhöht die Transparenz, Verständlichkeit und damit die A k z e p -
t a n z des Algorithmus.

Der V e r z i c h t auf exakt optimierende Verfahren zugunsten
einer h e u r i s t i s c h e n Vorgehensweise kommt den Gegebenheiten der Praxis entgegen und s e n k t den R e c h e n a u f -
w a n d beträchtlich, so daß die Einsetzbarkeit des Algorithmus auch
in großen Unternehmen[1] gewährleistet ist.

Insgesamt wird mit dem Algorithmus eine Entwicklung vorgelegt, die
- intelligenter als bestehende Algorithmen und praxisnah - im Mittel-
punkt kapazitätsorientierter Fertigungssteuerungssysteme einen langfristig nutzbringenden Einsatz erwarten läßt.

---

1) Der Algorithmus wird in einem größeren Automobilunternehmen
   eingesetzt.

10   <u>Schrifttum</u>

1   o.V.:
       Statistisches Jahrbuch für die Bundesrepublik.
       Stuttgart: Kohlhammer 1983.

2   Dolezalek, C.M.; Warnecke, H.-J.:
       Planung von Fabrikanlagen.
       2. Neubearb. und erw. Auflage unter Mitwirkung von W. Dangel-
       maier.
       Berlin, Heidelberg, New York: Springer 1981.

3   Warnecke, H.-J.; Dangelmaier, W.; Greiner, T.:
       Kapazitätsorientierte Mengenplanung - Baustein eines zukunfts-
       bezogenen PPS-System.
       wt-Zeitschrift für industrielle Fertigung 76 (1986), S. 365-370.

4   VDI:
       Elektronische Datenverarbeitung bei der Produktionsplanung
       und -steuerung. T 77.
       Düsseldorf: VDI 1977.

5   Hackstein, R.:
       Produktionsplanung und -steuerung (PPS).
       Düsseldorf: VDI 1984.

6   o.V.:
       PPS-Systeme haben ihre Vergangenheit weitgehend bewältigt.
       Computerwoche 3 (1984), S. 19-28.

7   Dangelmaier, W.:
       Ansätze zur Fertigungsplanung und -steuerung bei Serien-
       fertigung.
       wt-Zeitschrift für industrielle Fertigung 74 (1984),
       S. 341-344.

8   Andler, K.:
       Rationalisierung der Fabrikation und optimale Losgröße.
       München: Dissertation Universität München 1929.

9   Dangelmaier, W.:
       Die Auswirkungen des Fertigungstyps auf die Materialbe-
       reitstellung und die Disposition.
       Beschaffung aktuell 9 (1984), S. 42-45.

10   Hahn, D.; Wagner, R.:
       Informationssysteme für die Materialwirtschaft.
       In Kern, W. (Hrsg.): Handwörterbuch der Produktionswirtschaft.
       Stuttgart: Poeschel 1979.

11   Kieser, A.; Kurbel, K.:
       Fertigungsorganisation.
       In Kern, W. (Hrsg.): Handwörterbuch der Produktionswirtschaft.
       Stuttgart: Poeschel 1979.

12   IBM:
     COPICS: Ein Informationssystem für Unternehmen der Fertigungs-
     und Grundstoffindustrie.
     Stuttgart: IBM 1983.

13   Hartmann, H.:
     Materialwirtschaft.
     Gernsbach: Deutsche Betriebswirte 1983.

14   Heinemeyer, W.:
     Durchlaufzeiten.
     In Kern, W. (Hrsg.): Handwörterbuch der Produktionswirtschaft.
     Stuttgart: Poeschel 1979.

15   IBM:
     Capacity Planning and Operation Sequencing System-
     Extended (CAPOSS-E). Anwendungsbeschreibung.
     Stuttgart: IBM Deutschland 1981.

16   Schirmer, A.:
     Dynamische Produktionsplanung bei Serienfertigung.
     Wiesbaden: Gabler 1980.

17   Hachtel, G.:
     Entwicklung eines bestandsorientierten Fertigungssteuerungs-
     systems für die Großserienfertigung am Beispiel des Automo-
     bilbaus.
     Stuttgart: Dissertation an der Universität Stuttgart, in Vor-
     bereitung.

18   Lücke, W.:
     Produktionstheorie.
     In Kern, W. (Hrsg.): Handwörterbuch der Produktionswirtschaft.
     Stuttgart: Poeschel 1979.

19   Grochla, E.; Fieten, R.; Puhlmann, M.:
     Aktive Materialwirtschaft in mittelständischen Unternehmen.
     Köln: Deutsches Institut 1984.

20   DeMatteis, J.J.:
     An Economic Lot-Sizing Technique, I: The Part-Period-
     Algorithm.
     IBM Systems Journal 7 (1968), S. 30-38.

21   Zeigermann, J.:
     Elektronische Datenverarbeitung in der Materialwirtschaft.
     Stuttgart: Forkel 1970.

22   IBM:
     COPICS Materialbedarfsplanung II. Programm-/Bediener-
     handbuch.
     Stuttgart: IBM Deutschland 1981.

23   Wilhelm, K.-G.:
     System zur Planung des Umlaufbestandes in Betrieben
     mit Serienfertigung.
     Stuttgart: Dissertation Universität Stuttgart 1980.

24   Müller-Merbach, H.:
Die Bestimmung optimaler Losgrößen bei Mehrprodukt-
fertigung.
Darmstadt: Technische Hochschule Darmstadt 1962.

25   Wagner, H.M.; Whitin, T.M.:
Dynamic Version of the Economic Lot-Size Model.
Management Science 5 (1958), S. 89-96.

26   Haessler, R.; Hogue, S.:
A Note on the Single-Machine Multi-Product Lot
Scheduling Problem.
Management Science 22 (1976), S. 909-912.

27   Karni, R.; Roll, Y.:
A Heuristic Algorithm for the Multi-Item Lot-Sizing
Problem with Capacity Constraints.
AIIE-Transactions 14 (1982), S. 249-256.

28   Lambrecht, M.; Vander Eecken, J.:
A Capacity Constrained Single-Facility Dynamic Lot-Size
Model.
European Journal of Operational Research 2 (1978),
S. 132-136.

29   Eisenhut, P.S.:
A Dynamic Lot-Sizing Algorithm with Capacity Constraints.
AIIE-Transactions 7 (1975), S. 170-176.

30   Olivier, G.:
Material- und Teiledisposition.
Bonn: Stollfuß 1977.

31   Müller-Merbach, H.:
Operations Research. Methoden und Modelle der Optimalplanung.
München: Franz Vahlen 1983.

32   Fox, R.:
OPT vs. MRP. Thoughtware vs. Software. Part I, Part II.
Inventories & Production Magazine 11,12 (1983), 1,2 (1984).

33   IBM:
COPICS Werkstattauftrags-Freigabe II. Programm-/Bediener-
handbuch.
Stuttgart: IBM Deutschland 1981.

34   Geitner, U.W.:
EDV-Gesamtplanung für Produktionsbetriebe.
München, Wien: Hanser 1981.

35   Dangelmaier, W.; Kühnle, H.:
Auswirkungen von Organisationstyp und Fertigungssteuerung
auf Großserien- und Massenfertigung.
FhG-Berichte 3/4 (1983), S. 26-32.

36   Dangelmaier, W.; Greiner, T.:
Mit geringem Vermögen mehr verdienen.
VDI-Nachrichten 8 (1986), S. 20.

11   <u>Anhang</u>

```fortran
      PROGRAM GREINER

CCCCCCCCCCCCCCCCCCCCCCCCCCCCCCCCCCCCCCCCCCCCCCCCCCCCCCCCCCCCCCCCCCCCC
C                                                                   C
C        PROGRAMM ZUM INTERAKTIVEN EINGEBEN VON                     C
C        BEDARFS-, KAPAZITAETS- UND BESTANDSDATEN                   C
C        EBENSO DIE VERARBEITUNGSPARAMETER                          C
C                                                                   C
C        AUFGERUFENE UNTERPROGRAMME        KOPI                     C
C                                          FILLES                   C
C                                          DRUCK                    C
C                                          RORO (VERARBEITUNG)      C
C                                          FILAUS                   C
C                                          BEDARF                   C
C                                          KAPAZ                    C
C                                          POSPAR (POSITIONSPARAMETER) C
C                                          ANFBES                   C
C                                                                   C
CCCCCCCCCCCCCCCCCCCCCCCCCCCCCCCCCCCCCCCCCCCCCCCCCCCCCCCCCCCCCCCCCCCCC

C
C
C        BLOECKE FUER DIE ABARBEITUNG DES TESTFALLS
C
      INTEGER            BED(10,240),BEST(10,240),AUFTR(10,240)
      INTEGER            VBMIN(10),BZZ(10),ME(10),STMIN(10)
      INTEGER            ISTBEST(10)
      INTEGER            GT(12,2)
      INTEGER            KAPA(240),KAPAR(240),R(10,240)
      INTEGER            POS,PZAA(55),WERTA(55),PZAB(55),WERTB(55),WERTK(55)
      INTEGER            AMPAR,RWPAR,ENDPAR,AMD(10),DELTASOLL(10),AVTPAR
      INTEGER            AUF(10),RTZ
      INTEGER            VARKAP,BAPAR
      CHARACTER*9        BUF*9,BUF1*9

      COMMON   /KANA/    KIN,KOUT,KDAT,KAUS,KGR,AL,MNWMAX,NFAMAX
      COMMON   /ANG /    NPOS,NPZA,RTZ
      COMMON   /EIN1/    BED,ISTBEST
      COMMON   /EIN2/    VBMIN,BZZ,ME,STMIN
      COMMON   /EIN3/    KAPA,AUFTRAG
      COMMON   /BER1/    AUFTR
      COMMON   /BER2/    BEST
      COMMON   /BER4/    AMD
      COMMON   /DELT/    DELTASOLL
      COMMON   /GT  /    GT
      COMMON   /AUSG/    POS,PZAA,WERTA,PZAB,WERTB,WERTK
      COMMON   /PARA/    MARK,AMPAR,RWPAR,ENDPAR,AVTPAR,BAPAR
      COMMON   /UEBER/   IPAR1,J,IZ1,IZ2
      COMMON   /RUEST/   AUF,R
      COMMON   /VARI/    VARKAP
      COMMON   /BUFT/    BUF,BUF1

      CALL TIME (BUF)
      BUF1 = BUF

C
C        KANALNUMMER
C               (KIN    : INPUT           ; KOUT  : OUTPUT
C                KDAT   : INPUT DATEN      ; KAUS  : OUTPUT DATEN
C                KGR    : KRUPP RECHN.
C
      KIN     = 6
      KOUT    = 6
C     KDAT    = WIRD ANGEGEBEN
      KAUS    = 8
      KGR     = 10

C
C        ZAEHLER SETZEN
C
      IZG     = 0
      IZ1     = 0
      IZ2     = 0
      IPAR1   = 0
      ENDPAR  = 0
      RWPAR   = 0
      AMPAR   = 0
      AVTPAR  = 0
      VARKAP  = 0
      BAPAR   = 0

C
C        DATENBLOECKE AUF NULL SETZEN
C
      DO 200 N1 = 1,10
         VBMIN(N1)    = 0
         BZZ(N1)      = 0
         ME(N1)       = 0
         STMIN(N1)    = 0
         AUF(N1)      = 0
         DO 201 N2 = 1,240
            BED(N1,N2) = 0
201      CONTINUE
200   CONTINUE

      DO 202 N3 = 1,240
         KAPA(N3) = 0
202   CONTINUE

C
C
C        MENUEAUFBEREITUNG
C
1     WRITE (6,1000)

1000  FORMAT(1H0,///////////////)
```

```fortran
      WRITE (6,2010)
5     WRITE (6,1001)
1001  FORMAT(10X,'TESTFALL NR. ',$)

      READ ( 5,3000,ERR=1) KDAT
3000  FORMAT(I3)

      IF ((KDAT.LE.120).AND.(KDAT.GT.10)) GOTO 2

C
C
C        FEHLERNACHRICHTEN
C
      WRITE (6,1000)
      WRITE (6,1002)
1002  FORMAT(1H0,//,7X,'FALSCHE EINGABE. NUR ZAHLEN ZWISCHEN 11 UND '
     1 '120 ERLAUBT',/)

      WRITE (6,2003)

      GOTO 5

C
C        AUSWAHLMODUS SCHREIBEN
C
C               1 NEUAUFBAU EINES TESTFALLS
C               2 AENDERN EINES TESTFALLS
C               3 KOPIEREN EINES TESTFALLS
C               4 AUSDRUCKEN DES TESTFALLS
C               5 ABARBEITEN DES TESTFALLS
C               9 ENDE
C
2     WRITE (6,1010)

1010  FORMAT(1H0,//////,7X,'1 NEUAUFBAU EINES TESTFALLS',/,
     1 7X,'2 AENDERN DES TESTFALLS',/,7X,'3 KOPIEREN DES TESTFALLS',/,
     2 7X,'4 AUSDRUCKEN DES TESTFALLS',//,7X,'5 ABARBEITEN DES ',
     3 'TESTFALLS',/,7X,'9 ENDE')

C
C
C        AUSWAHLZEILE
C
      WRITE (6,2007)

      WRITE (6,1021)
1021  FORMAT(7X,'BITTE 1,2,3,4,5 ODER 9 EINGEBEN ',$)

      READ(5,*,ERR=30) J

C
C
C        FEHLERAUSGABE
C
3     IF ((J.EQ.1).OR.(J.EQ.2).OR.(J.EQ.3).OR.(J.EQ.4).OR.
     1 (J.EQ.5). OR .(J.EQ.9)) GOTO 4
30    WRITE (6,2007)
      WRITE (6,1102) KDAT
1102  FORMAT (10X,'TESTFALL NR. ',I3)
      WRITE (6,1010)
      WRITE (6,2004)
      WRITE (6,1103)
1103  FORMAT (7X,'FEHLER => FALSCHE EINGABE')
      WRITE (6,2002)
      WRITE (6,1040)

1040  FORMAT(7X,'BITTE   N U R  1,2,3,4,5 ODER 9 EINGEBEN !!!! ',$)
      READ (5,*,ERR=30) J

      GOTO 3

C
C
C        FILE UNTERSUCHEN, OB VORHANDEN ODER NICHT
C
4     IF (J.NE.1. AND .J.NE.3) GOTO 41
      REWIND KDAT
      READ (KDAT,*,ERR=100) K

      WRITE (6,2010)
      WRITE (6,2010)

      WRITE (6,1030) KDAT
1030  FORMAT(1H0,//,7X,'TESTFALL ',I3,' SCHON VORHANDEN. ',
     1           'BITTE VON VORNE ANFANGEN',/)

      WRITE (6,2005)
      GOTO 5

41    IF (J.NE.2. AND .J.NE.4. AND .J.NE.5) GOTO 100
      REWIND KDAT
      READ (KDAT,*,ERR=42) K

      GOTO 100

42    WRITE (6,1000)
      WRITE (6,1031) KDAT
1031  FORMAT (1H0,//,7X,'TEST ',I3,' NOCH NICHT VORHANDEN. ',
     1           'BITTE VON VORNE ANFANGEN.',/)

      WRITE (6,2005)

      GOTO 5
```

```fortran
C
C
C
C         ABFRAGEN AUF GUELTIGKEIT DER EINGEGEBENEN DATEN
C
C         UEBERGABEPARAMETER     KDAT TESTFALLNUMMER
C                               J... UEBERGABEPARAMETER      1 NEUER TESTFALL
C                                  .                         2 AENDERN
C                                                            9 ENDE
C
C
100       IF (J.EQ.3) CALL KOPI

          IF (J.EQ.5) THEN
             CALL FILAUS
             CALL FILLES
C
C
C         UNTERSUCHEN, OB ALLE POSITIONSGEBUNDENEN PARAMETER
C         GEFUELLT SIND
C
          IPOIN = 0

          DO 101 M = 1,NPOS
             IF (VBMIN(M).EQ.0. OR .BZZ(M).EQ.0. OR .
      1         ME(M).EQ.0) THEN
                WRITE (6,2010)
                WRITE (6,1106) M
1106      FORMAT (7X,'INFO => POSITIONGEBUNDENE PARAMETER DER POSITION '
      1         I2,' NICHT ALLE GEFUELLT !')
                IPOIN = 1
             END IF

             IF (M.EQ.NPOS. AND .IPOIN.EQ.1) THEN
                READ (5,*)
                WRITE (6,1102) KDAT
                GOTO 2
             END IF

101       CONTINUE

          REWIND KDAT

          RTZ = 50
          CALL RORO
          CALL FILAUS
          IF (ENDPAR.GT.0) GOTO 30

          IF (IPAR1.EQ.1) GOTO 10
          IF (IPAR1.EQ.0) GOTO 1
          END IF

          IF (J.EQ.9) GOTO 9999

          IF (J.EQ.8) THEN
             WRITE (6,2000)

             WRITE (6,1201) KDAT
1201      FORMAT (10X,'TESTFALL NR. ',I3)

             GOTO 2
          END IF

10        IF (J.EQ.4) THEN
             CALL FILAUS
             CALL FILLES
             CALL TIME (BUF)

             CALL DRUCK

             GOTO 9999
          END IF

C
C
C         BILDSCHIRMAUFBEREITUNG FUER DEN 2. BILDSCHIRM
C
11        IF (J.EQ.1) WRITE (6,1100) KDAT
          IF (J.EQ.2) WRITE (6,1101) KDAT

1100      FORMAT(///,7X,'N E U A U F B A U  DES TESTFALLS ',I3)
1101      FORMAT(///,7X,'A E N D E R N  DES TESTFALLS ',I3)

C
C
C
C         MENUEAUFBEREITUNG
C
C
C                1 BEDARF
C                2 KAPAZITAET
C                3 NAECHSTER TESTFALL
C                4 AUSDRUCKEN TESTFALL
C                5 POSITIONSGEBUNDENE PARAMETER
C                6 ANFANGSBESTAND
C                9 ENDE
C
          WRITE (6,1110)

1110      FORMAT(1H0,/////,
      1         7X,'1 BEDARF',/,7X,'2 KAPAZITAETSFAKTOR',/,
      2         7X,'3 NAECHSTER TESTFALL',/,7X,'4 AUSDRUCKEN TESTFALL'
      3         ,/,7X,'5 POSITIONSGEBUNDENE PARAMETER'
      4         ,/,7X,'6 ANFANGSBESTAND',/,7X,'9 ENDE',///)

          WRITE (6,2004)
          WRITE (6,1111)

1111      FORMAT(7X,'BITTE 1,2,3,4,5,6 ODER 9 EINGEBEN ',$)
          READ (5,*,ERR=120) J1
C         AUF GUELTIGKEIT PRUEFEN
C
12        IF ((J1.EQ.1).OR.(J1.EQ.2).OR.(J1.EQ.3).OR.(J1.EQ.4).OR.
      1      (J1.EQ.5). OR .(J1.EQ.6). OR .(J1.EQ.9)) GOTO 13

120       IF (J.EQ.1) WRITE (6,1100) KDAT
          IF (J.EQ.2) WRITE (6,1101) KDAT
          WRITE (6,1110)
          WRITE (6,2002)
          WRITE (6,1103)
          WRITE (6,2001)
          WRITE (6,1120)

1120      FORMAT(7X,'BITTE  N U R  1,2,3,4,5,6 ODER 9 ',
      1         'EINGEBEN !!!! ',$.
          READ (5,*,ERR=120) J1

          GOTO 12

C
C
C         ABFRAGE AUF BEDARF,KAPAZITAET, NEU ODER AENDERN
C
13        IF (J1.EQ.9. OR. J1.EQ.3. OR .J1.EQ.4) GOTO 998
          IF (J.EQ.2) CALL FILLES
          IF (J1.EQ.1) THEN
                      CALL BEDARF
                      CALL FILAUS
C         PRINT*,'NPZA',NPZA,'  NPOS',NPOS
C         READ (5,*)
                      GOTO 11
                      END IF

          IF (J1.EQ.2) THEN
C         PRINT*,'NPZA : ',NPZA
                      CALL KAPAZ
                      CALL FILAUS
                      GOTO 11

          END IF

          IF (J1.EQ.5) THEN
                      CALL POSPAR
                      CALL FILAUS
                      GOTO 11
          END IF

          IF (J1.EQ.6) THEN
                      CALL ANFBES
                      CALL FILAUS
                      GOTO 11
          END IF

998       IZG = IZ1 + IZ2
          IF (IZG.EQ.3. OR .IZ1.EQ.3. OR .IZ2.EQ.3) GOTO 999
          IF (IZ1.EQ.0. AND .IZ2.EQ.0) GOTO 999

          IF (IZ1.EQ.1. OR .IZ2.EQ.2) THEN

             IF (J.EQ.1) WRITE (6,1100) KDAT
             IF (J.EQ.2) WRITE (6,1101) KDAT

             WRITE (6,1110)
             WRITE (6,2002)

             IF (IZ1.EQ.1) WRITE (6,1130)
             IF (IZ2.EQ.2) WRITE (6,1131)

1130      FORMAT (7X,'FEHLER => BITTE NOCH DIE  KAPAZITAETFAKTOREN'
      1         ' EINGEBEN !!!')
1131      FORMAT (7X,'FEHLER => BITTE NOCH DEN  BEDARF  EINGEBEN !!!')

          END IF

          GOTO 11

C
C
C         ENDE AUFBEREITUNG UND BEI ENDE ODER NEUER TEST AUFBEREITUNG DE
C         TESTFILE
C
999       CALL FILAUS

          IF (J1.EQ.4) THEN
             CALL FILLES
             CALL DRUCK
C
C            WRITE (6,2010)
C            WRITE (6,1203)

             J1 = 4

          END IF

          IF (J1.EQ.9) THEN
             WRITE (6,2005)
             WRITE (6,1201) KDAT
             GOTO 2
          END IF

          IF (J1.EQ.3) GOTO 1

C
C
C         VORSCHUBFORMATE
C
2000      FORMAT (1H1)
2001      FORMAT (/)
2002      FORMAT (1H0)
2003      FORMAT (1H0,/)
2004      FORMAT (1H0,//)
2005      FORMAT (1H0,///)
2007      FORMAT (1H0,//////)
2008      FORMAT (1H0,///////)
2010      FORMAT (1H0,////////)

9999      WRITE (6,2003)

          END
```

```fortran
      SUBROUTINE ERWAD(LV)

CCCCCCCCCCCCCCCCCCCCCCCCCCCCCCCCCCCCCCCCCCCCCCCCCCCCCCCCCCCCCCCC
C         DIESES UNTERPROGRAMM BERECHNET DIE ZU ERWARTENDE       C
C         AUFTRAGSMENGENENDAUER DER POSITION "LV" BEI START       C
C                ZUM WIEDERHOLSTARTTERMIN                         C
CCCCCCCCCCCCCCCCCCCCCCCCCCCCCCCCCCCCCCCCCCCCCCCCCCCCCCCCCCCCCCCC

      INTEGER BEST(10,240),BED(10,240),KAPAR(240),KAPA(240)
      INTEGER VBMIN(10),BZZ(10),ME(10),STMIN(10),AUF(10),BZSP(10)
      INTEGER ST(50,11),ED(10),AM(50,10)
      INTEGER POS,VARKAP,AME,RKAPA,STT,KN

      REAL    AMD(10)


      COMMON  /EIN1 / BED,ISTBEST
      COMMON  /EIN2 / VBMIN,BZZ,ME,STMIN,BZSP
      COMMON  /EIN3 / KAPA,KAPAR
      COMMON  /BER2 / BEST
      COMMON  /BER4 / AMD,ED
      COMMON  /BER3 / ST,AM,AUFME
      COMMON  /RUEST/ AUF,R
      COMMON  /VARI / VARKAP,MIN,KENN

      POS      = LV
      AME  = 0
      STT      = ST(1,POS)

CCCCCCCCCCCCCCCCCCCCCCCCCCCCCCCCCCCCCCCCCCCCCCCCCCCC
C      BERUECKSICHTIGUNG DES BZZ-SPEICHERS         C
CCCCCCCCCCCCCCCCCCCCCCCCCCCCCCCCCCCCCCCCCCCCCCCCCCCC

      IF (BZSP(POS) .GT. BZZ(POS) - 1) THEN
              IF (BED(POS,STT).GT.0) THEN
                    M = STT
              ELSE
                    AME = ME(POS) - 1
                    GOTO 30
              END IF
      ELSE
              M        = STT + BZZ(POS) - 1 - BZSP(POS)
      END IF


CCCCCCCCCCCCCCCCCCCCCCCCCCCCCCCCCCCCCCCCCCCCCCCCCCCCCCCCCCCCCCCC
C      BERECHNUNG DER ERWARTETEN AUFLEGUNGSMENGE AB WST          C
CCCCCCCCCCCCCCCCCCCCCCCCCCCCCCCCCCCCCCCCCCCCCCCCCCCCCCCCCCCCCCCC

      DO 10 I = STT,M
            AME   = AME+BED(POS,I)
10    CONTINUE

      AME        = AME - BEST(POS,STT)+ VBMIN(POS)

30    M          = (AME - 1)/ME(POS)
      AME        = (M+1)*ME(POS)

      AME        = AME + AUF(POS)*VARKAP*STMIN(POS)/100

CCCCCCCCCCCCCCCCCCCCCCCCCCCCCCCCCCCCCCCCCCCCCCCCCCCCCCCCCCCCCCCC
C      BERECHNUNG DES PZA-BEDARFS BEI EINLASTUNG                 C
CCCCCCCCCCCCCCCCCCCCCCCCCCCCCCCCCCCCCCCCCCCCCCCCCCCCCCCCCCCCCCCC
      KN = 0
      DO WHILE (AME .GT. 0)
        IF (KAPAR(STT) .GT. 0) THEN
              RKAPA = KAPAR(STT)*VARKAP*STMIN(POS)/100
              IF (AME .LT. RKAPA ) THEN
                    KN = 1
              ELSE
                    KN = 0
              END IF
          AME = AME - RKAPA
        END IF

        STT      = STT + 1
      END DO

CCCCCCCCCCCCCCCCCCCCCCCCCCCCCCCCCCCCCCCCCCCCCCCCCCCCCCCCCCCCCCCC
C      ED(POS) DIE ERWARTETE AUFTRAGSDAUER IN PZA               C
CCCCCCCCCCCCCCCCCCCCCCCCCCCCCCCCCCCCCCCCCCCCCCCCCCCCCCCCCCCCCCCC

      ED(POS) = STT - ST(1,POS) - KN

      IF (ED(POS).LT.0) ED(POS) = 0

      RETURN
      END
```

```fortran
      SUBROUTINE AVT (LV)
CCCCCCCCCCCCCCCCCCCCCCCCCCCCCCCCCCCCCCCCCCCCCCCCCCCCCCCCCCCCCCCCCCC
C                                                                 C
C        SUBROUTINE AVT (AUFTRAGSVERTEILUNG)                      C
C                                                                 C
C                    LV .....        LAUFVARIABLE                 C
C                    AM .....        ZU VERTEILENDE AUFTRAGSMENGE C
C                    J  .....        EINLASTBEGINN                C
CCCCCCCCCCCCCCCCCCCCCCCCCCCCCCCCCCCCCCCCCCCCCCCCCCCCCCCCCCCCCCCCCCC


      INTEGER AUFTR(10,240),R(10,240)
      INTEGER KAPA(240),KAPAR(240),P(240)
      INTEGER VBMIN(10),BZZ(10),ME(10),STMIN(10)
      INTEGER ST(50,11),AM(50,10),POS
      INTEGER GT(12,2),MARK,RTZ
      INTEGER SUMME,AUFME,AMPAR,RWPAR,ENDPAR,AVTPAR
      INTEGER AUF(10),VARKAP,GTD,RKAPA,DIFF,ISTART

      REAL    VKAP

      COMMON  /KANA / KIN,KOUT,KDAT,AL,KGR,MNWMAX,NFAMAX
      COMMON  /ANG /  NPOS,NPZA,RTZ
      COMMON  /EIN1 / BED,ISTBEST
      COMMON  /EIN2/  VBMIN,BZZ,ME,STMIN,BZSP
      COMMON  /EIN3/  KAPA,KAPAR
      COMMON  /EIN4/  P,PS,POSI,POSR
      COMMON  /BER1/  AUFTR
      COMMON  /BER2 / BEST
      COMMON  /BER3/  ST,AM,AUFME
      COMMON  /BER4 / AMD,ED
      COMMON  /GT /   GT
      COMMON  /DELT / DELTASOLL
      COMMON  /PARA/  MARK,AMPAR,RWPAR,ENDPAR,AVTPAR
      COMMON  /RUEST/ AUF,R
      COMMON  /VARI/  VARKAP,MIN,KENN


CCCCCCCCCCCCCCCCCCCCCCCCCCCCCCCCCCCCCCCCCCCCCCCC
C       PARAMETERBESTIMMUNG                    C
CCCCCCCCCCCCCCCCCCCCCCCCCCCCCCCCCCCCCCCCCCCCCCCC

      POS      = GT(LV,1)
      GTD      = GT(LV,2)
      ISTART   = 0
      IF (LV.EQ.1) THEN
         I = ST(1,POS)
         SUMME = AUFME
      ELSE
         I = ST(2,POS)
         SUMME = AM(1,POS)
      END IF


CCCCCCCCCCCCCCCCCCCCCCCCCCCCCCCCCCCCCCCCCCCCCCCCCCCCCCCCCCCCC
C       BERECHNUNG DER RESTKAPAZITAETEN UND ANNULLIEREN     C
C       DES BISHER EINGELASTETEN AUFTRAGES DER POS          C
CCCCCCCCCCCCCCCCCCCCCCCCCCCCCCCCCCCCCCCCCCCCCCCCCCCCCCCCCCCCC

      VKAP     = 0.
      MZ       = 0
      DO 10 L = 1,NPOS
         IF (L.EQ.POS) GOTO 10
         IF (AUFTR(L,I).NE.0 .OR. R(L,I).NE. 0) THEN
           VKAP = VKAP + AUFTR(L,I)*100./(VARKAP*STMIN(L)) + R(L,I)
           MZ = MZ + 1
         END IF
10    CONTINUE


CCCCCCCCCCCCCCCCCCCCCCCCCCCCCCCCCCCCCCCCCCCCCCCCCCCCCCCCCCCCCCCCCC
C       BESTIMMUNG DER RESTKAPAZITAET ZUM STARTTERMIN            C
C       FALLS BEREITS EINE UEBERLAPPUNG ERFOLGT IST             C
CCCCCCCCCCCCCCCCCCCCCCCCCCCCCCCCCCCCCCCCCCCCCCCCCCCCCCCCCCCCCCCCCC

      IF (P(I).EQ. POS ) THEN
            ISTART = I
            KSTART = KAPAR(I)
            KAPAR(I) = KAPA(I) - KAPAR(I) - IFIX(VKAP+0.999)
      ELSE
            KAPAR(I)= KAPA(I) - IFIX(VKAP + 0.999)
      END IF

      AUFTR(POS,I)    = 0
      R(POS,I)        = 0

      DO 20 N = I+1,I+BZZ(POS)*5
      IF (N.GT. NPZA) GOTO 29
        MINT = 0
        IF (R(POS,N) .NE. 0 .OR. AUFTR(POS,N) .NE. 0) THEN
          DO 21 M = 1,NPOS
           IF (M.NE.POS) THEN
            IF (R(M,N).NE.0 .OR. AUFTR(M,N).NE.0 ) THEN
             IANT=IFIX(0.999+AUFTR(M,N)*100./FLOAT(VARKAP*STMIN(M)))
             MINT = R(M,N)+IANT
            END IF
           END IF
21         CONTINUE
           KAPAR(N) = KAPA(N) - MINT
        END IF
      AUFTR(POS,N)= 0
      R(POS,N)        = 0
20    CONTINUE


CCCCCCCCCCCCCCCCCCCCCCCCCCCCCCCCCCCCCCCCCCCCCCCCCCCCC
C       EINLASTEN DER RUESTZEIT                     C
CCCCCCCCCCCCCCCCCCCCCCCCCCCCCCCCCCCCCCCCCCCCCCCCCCCCC

29    DIFF     = 0-AUF(POS)
30    DIFF     = KAPAR(I)+DIFF
      IF (DIFF .LT. 0) THEN
                        R(POS,I)          = KAPAR(I)
                        KAPAR(I)          = 0
                        I                 = I+1
                        GOTO 30
      ELSE
            R(POS,I)                      = KAPAR(I)-DIFF
            KAPAR(I)                      = DIFF
      END IF


CCCCCCCCCCCCCCCCCCCCCCCCCCCCCCCCCCCCCCCCCCCCCCCCCCCCC
C             EINLASTEN DER AUFTRAGSSUMME           C
CCCCCCCCCCCCCCCCCCCCCCCCCCCCCCCCCCCCCCCCCCCCCCCCCCCCC

100      RKAPA = KAPAR(I)*STMIN(POS)*VARKAP/100
         IF (SUMME.LE.RKAPA) GOTO 200
            AUFTR(POS,I) = RKAPA
            KAPAR(I) = 0
            SUMME            = SUMME - RKAPA
            I = I + 1
            GOTO 100

200      AUFTR(POS,I) = SUMME
         KAPAR(I) = (RKAPA-SUMME)*100/(VARKAP*STMIN(POS))


CCCCCCCCCCCCCCCCCCCCCCCCCCCCCCCCCCCCCCCCCCCCCCCCCCC
C        ALTE RESTKAPAZITAET BEI BEREITS          C
C        ERFOLGTER UEBERLAPPUNG                    C
CCCCCCCCCCCCCCCCCCCCCCCCCCCCCCCCCCCCCCCCCCCCCCCCCCC
         IF (ISTART .EQ. 0) GOTO 999
         IF (P(ISTART).EQ. POS) KAPAR(ISTART) = KSTART
         IF (VKAP.GT.0 .AND. LV .NE. NPOS) P(ISTART) = POS

999      RETURN
         END
```

```fortran
      SUBROUTINE GRZTERM(LV)
CCCCCCCCCCCCCCCCCCCCCCCCCCCCCCCCCCCCCCCCCCCCCCCCCCCCCCCCCCCCCCCCCCCCCC
C                                                                    C
C      SUBROUTINE GRZTERM ZUM AUFFINDEN DER GRENZTERMINE             C
C                                                                    C
C            NUR DER LAUFPARAMETER WIRD DIREKT UEBERGEBEN            C
C                                                                    C
CCCCCCCCCCCCCCCCCCCCCCCCCCCCCCCCCCCCCCCCCCCCCCCCCCCCCCCCCCCCCCCCCCCCCC


      INTEGER        BED(10,240),BEST(10,240),AUFTR(10,240),P(240)
      INTEGER        GT(12,2), ST(50,11), AM(50,10), ISTBEST(10)
      INTEGER        GTA(20,10),R(10,240),STMIN(10),ME(10),BZZ(10)
      INTEGER        POS, VAR, AUFME ,AMPAR,RWPAR,ENDPAR,AVTPAR,MARK
      INTEGER        AUF(10),VARKAP,KENN,MIN,MAX,SUMME,KK,K,VBMIN(10)
      INTEGER        PS,POSI,POSR,RWPZ,KENNER,RTZ


      COMMON  /KANA / KIN,KOUT,KDAT,KGR,AL,MNWMAX,NPAMAX
      COMMON  /ANG  / NPOS,NPZA,RTZ
      COMMON  /EIN1 / BED,ISTBEST
      COMMON  /EIN2 / VBMIN,BZZ,ME,STMIN,BZSP
      COMMON  /EIN3 / KAPA,KAPAR
      COMMON  /EIN4 / P,PS,POSI,POSR
      COMMON  /BER1 / AUFTR
      COMMON  /BER2 / BEST
      COMMON  /BER3 / ST,AM,AUFME
      COMMON  /BER4 / AMD,ED
      COMMON  /GT   / GT
      COMMON  /PARA / MARK,AMPAR,RWPAR,ENDPAR,AVTPAR
      COMMON  /RUEST/ AUF,R
      COMMON  /DELT / DELTASOLL
      COMMON  /VARI / VARKAP,MIN,KENN
      COMMON  /EMER / KENNER,RWPZ

CCCCCCCCCCCCCCCCCCCCCCCCCCCCCCCCCCCCCCCCCCCCC
C      PARAMETERBESTIMMUNG                  C
CCCCCCCCCCCCCCCCCCCCCCCCCCCCCCCCCCCCCCCCCCCCC

CCCCCCCCCCCCCCCCCCCCCCCCCCCCCCCCCCCCCCCCCCCCC
C      NEUE GRENZTERMINBESTIMMUNG           C
C      BEI CALL VON RWPLAN,WENN EINE        C
C      NOTPLANUNG 'ANFANG' GEMACHT          C
C      WERDEN MUSSTE    LV=12              C
CCCCCCCCCCCCCCCCCCCCCCCCCCCCCCCCCCCCCCCCCCCCC

      IF (LV.EQ.12) THEN
          POS     = PS
          J       = RWPZ
          SUMME   = AM(1,POS)
          GOTO 1
      END IF


      POS     = GT(LV,1)
      J       = 0

      IF (LV.EQ.1) THEN

                J = ST(1,POS)
                SUMME = AUFME
      ELSE
                J = ST(2,POS)
                SUMME = AM(1,POS)

      END IF

      IF (J.EQ.0)     J = 1
1     I       = 0
CCCCCCCCCCCCCCCCCCCCCCCCCCCCCCCCCCCCCCCCCCCCCCCCCCCCCCCCCCCCCCCCCC
C      BERECHNUNG DES LETZTEN EINLASTUNGS-PZA ZUR RWPLAN          C
CCCCCCCCCCCCCCCCCCCCCCCCCCCCCCCCCCCCCCCCCCCCCCCCCCCCCCCCCCCCCCCCCC
      MIN     = 0
      MARK    = 0
      KENN    = 0
      K       = J
      KK      = J
      DO WHILE (SUMME .GT. 0)
              SUMME = SUMME - AUFTR(POS,K)
              K     = K + 1
      END DO

      K       = K - 1

CCCCCCCCCCCCCCCCCCCCCCCCCCCCCCCCCCCCCCCCCCCC
C      K = ENDTERMIN EINLASTUNG            C
CCCCCCCCCCCCCCCCCCCCCCCCCCCCCCCCCCCCCCCCCCCC

CCCCCCCCCCCCCCCCCCCCCCCCCCCCCCCCCCCCCCCCCCCC
C      BERECHNUNGEN                        C
CCCCCCCCCCCCCCCCCCCCCCCCCCCCCCCCCCCCCCCCCCCC
      PRINT*,'GRZ BEST ',BEST(POS,J),' ZU STT ', J
      IF (BEST(POS,J).GE.0) THEN
                                GOTO 3
      ELSE
          MARK = 1
          GT(LV,2) = J
          DO WHILE (BEST(POS,J).LT.0. AND .I.EQ.0)
              BEST(POS,J+1) = BEST(POS,J) - BED(POS,J) + AUFTR(POS,J)
              J = J + 1
              IF (J.GT.NPZA) I = 1
          END DO
          GOTO 4
      END IF

3         DO WHILE (BEST(POS,J).GE.0. AND .I.EQ.0)
              BEST(POS,J+1) = BEST(POS,J) - BED(POS,J) + AUFTR(POS,J)
              J = J + 1
              IF (J.GT.NPZA) I = 1
          END DO


      IF (I.EQ.1) THEN
          GT(LV,2) = J
      ELSE
          GT(LV,2) = J - 1
      END IF
4     IF (LV.EQ.12) GOTO 90
```

```fortran
CCCCCCCCCCCCCCCCCCCCCCCCCCCCCCCCCCCCCCCCCCCCCCCCCCCCCCCCCCCCCCCCCC
C      ABFRAGE,OB WAEHREND DER EINLASTUNG NEGATIVE BESTAENDE  C
C                 AUFGETRETEN SIND (DANN RWPLAN)              C
CCCCCCCCCCCCCCCCCCCCCCCCCCCCCCCCCCCCCCCCCCCCCCCCCCCCCCCCCCCCCCCCCC

      IF (I .EQ. 1) GOTO 90

      IF (GT(LV,2) .LE. K .OR. MARK .EQ. 1) THEN
                MIN     = 0

                DO 20 I = KK,K+1
                IF (BEST(POS,I) .LT.0) THEN
                        MAX     = IABS(BEST(POS,I))
                        IF (MAX .GT. MIN) MIN = MAX
                END IF
                BEST(POS,I+1) = BEST(POS,I)-BED(POS,I)+AUFTR(POS,I)
20              CONTINUE

                IF (MIN.GT.0) THEN
                                KENN = 1
C      ABBRUCH
                                GOTO 90
                END IF
      END IF

CCCCCCCCCCCCCCCCCCCCCCCCCCCCCCCCCCCCCCCCCCCCCCCCCCCCCCCCCC
C      WEITERE BESTANDSBERECHNUNG                        C
CCCCCCCCCCCCCCCCCCCCCCCCCCCCCCCCCCCCCCCCCCCCCCCCCCCCCCCCCC

80        NN      = GT(LV,2)
      IF (NN.EQ.1) NN = 2
      DO 81 N = NN,NN + 30
          IF (N.GT.NPZA) GOTO 90
          BEST(POS,N) = BEST(POS,N-1) - BED(POS,N-1) + AUFTR(POS,N
81        CONTINUE
90        RETURN
          END
```

```fortran
       SUBROUTINE RECHNEN

cccccccccccccccccccccccccccccccccccccccccccccc
C      PROGRAMM ZUM FUELLEN DER TESTDATEN    C
C      UND BERECHNEN DER RESTDATEN           C
cccccccccccccccccccccccccccccccccccccccccccccc

       INTEGER      BEST(10,240),BED(10,240),AUFTR(10,240)
       INTEGER      GT(12,2),ISTBEST(10),R(10,240)
       INTEGER      ST(50,11),AM(50,10),BZSP(10),ED(10)
       INTEGER      VBMIN(10),BZZ(10),ME(10),STMIN(10)
       INTEGER      KAPA(240),KAPAR(240),P(240)
       INTEGER      VG,VVG,POS,POSV,AUFME,AMTEST
       INTEGER      TAUSCH,GBZZ,AMPAR,RWPAR,ENDPAR,AVTPAR
       INTEGER      AUF(10) VARKAP,KENNER

       REAL         DELTASOLL(10),KAPRES,AMDSUM,AMD(10)

       COMMON  /KANA/ KIN,KOUT,KDAT,KAUS,KGR,AL,MNWMAX,NPAMAX
       COMMON  /ANG / NPOS,NPZA,RTZ
       COMMON  /EIN1/ BED,ISTBEST
       COMMON  /EIN2/ VBMIN,BZZ,ME,STMIN,BZSP
       COMMON  /EIN3/ KAPA,KAPAR
       COMMON  /EIN4/ P,PS,POSI,POSR
       COMMON  /BER1/ AUFTR
       COMMON  /BER2/ BEST
       COMMON  /BER3/ ST,AM,AUFME
       COMMON  /BER4/ AMD,ED
       COMMON  /GT  / GT
       COMMON  /DELT/ DELTASOLL
       COMMON  /PARA/ MARK,AMPAR,RWPAR,ENDPAR,AVTPAR
       COMMON  /RUEST/ AUF,R
       COMMON  /VARI/ VARKAP,MIN,KENN
       COMMON  /EMER / KENNER,RWPZ


cccccccccccccccccccccccccccccccccccccccccccccc
C      TESTDATEN FEST                        C
cccccccccccccccccccccccccccccccccccccccccccccc

       LV       = 1
       MARK     = 0
       BEDSUM   = 0.
       KAPSUM   = 0.
       AMDSUM   = 0.
       GBZZ     = 0

cccccccccccccccccccccccccccccccccccccccccccccc
C      ROUTINE ZUM AUSSUCHEN DER             C
C      AUFTRAGSMENGE                         C
C         1. BZZ UEBER ALLE PZA"S            C
C         2. BZZ UEBER KAPAZ-FA"TOR          C
C         3. PZA MIT DELTASOLL               C
C         4. KAPAZ-FAKTOR MIT DELTASOLL      C
cccccccccccccccccccccccccccccccccccccccccccccc

50     WRITE (6,2010)
2010   FORMAT (1H0,////////////)
       WRITE (6,1050) KDAT
1050   FORMAT (7X,'AUFTRAGSMENGEN - SUBROUTINE'
     1          ' DES TESTFALLS ',I3,////)
       WRITE (6,1051)
1051   FORMAT (7X,'ALGORITHMUSAUSWAHL',//,
     1          7X,'1. BZZ UEBER ALLE PZA"S',/,
     2          7X,'2. BZZ UEBER KAPAZ-FAKTOREN',/,
     3          7X,'3. BERECHNUNG UEBER FOLGENDE PZA"S MIT DELTASOLL',/,
     4          7X,'4. BERECHNUNG UEBER FOLGENDE KAPAZITAETEN '
     5          'MIT DELTASOLL',///)
       WRITE (6,1052)
1052   FORMAT (7X,'BITTE 1, 2, 3 ODER 4 ANGEBEN : ',$)
       READ (5,*,ERR=50) NZ

       IF (NZ.GE.1.AND.NZ.LE.4)THEN
          AMPAR         = NZ
       ELSE
          GOTO 50
       END IF


cccccccccccccccccccccccccccccccccccccccccccccc
C      VARIABLENSCHALTER BZZ-SPEICHER        C
cccccccccccccccccccccccccccccccccccccccccccccc


61     WRITE (6,2010)
       WRITE (6,1060)
1060   FORMAT (7X,'WOLLEN SIE DEN BZZ-SPEICHER AKTIVIEREN ?')
       WRITE (6,1061)
1061   FORMAT (7X,'JA = 1 / NEIN = 0 ',$)
       READ (5,*,ERR=61) AVTPAR

       IF (AVTPAR.NE.1.AND.AVTPAR.NE.0) GOTO 61

ccccccccccccccccccccccccccccccccccccccccccccccccccccc

       DO 80 N = 1,NPOS
          DO 90 M = 1,RTZ
          ST(M,N)   = 0
          AM(M,N)   = 0
90        CONTINUE
       GT(N,1)       = N
       AUFME         = 0
       ED(N)         = 0
       BZSP(N)       = 0
       DELTASOLL(N)  = 1.
       BEST(N,1)     = ISTBEST(N)
       CALL GRZTERM(N)
       ST(1,N)       = GT(N,2)
80     CONTINUE


cccccccccccccccccccccccccccccccccccccccccccccc
C      AUSRECHNEN VON DELTASOLL              C
C      UND DURCHSCHNITTLICHE AUF-DAUER       C
cccccccccccccccccccccccccccccccccccccccccccccc

       DO 10 I = 1,NPZA
          KAPSUM   = KAPSUM + KAPA(I)
          KAPAR(I) = KAPA(I)
          P(I)     = 0
10     CONTINUE
       KAPD = KAPSUM/FLOAT(NPZA)

       DO 11 N = 1,NPOS

          DO 12 J = 1,NPZA
             BEDSUM = BEDSUM + BED(N,J)
12        CONTINUE

          ANZAUF = NPZA/FLOAT(BZZ(N))

          DURCHAM = BEDSUM/ANZAUF
          AMD(N) = (DURCHAM-1)*100/(KAPD*VARKAP*STMIN(N))+AUF(N)/100
          AMDSUM = AMDSUM + AMD(N)

          BEDSUM = 0.
          IF (BZZ(N).GT.GBZZ) GBZZ = BZZ(N)
11     CONTINUE
       KAPSUM = 0.


       IF (AMDSUM.GT.GBZZ) THEN
          WRITE (6,1001)
1001      FORMAT (1H1,///,7X,'BZZ IST ZU KLEIN ODER DIE BEDARFSMENGEN '
     1             'SIND ZU GROSS.',/,7X,'BITTE DIE ENTSPRECHENDEN PARA'
     2             'METER AENDERN.',//,7X,
     3             'ZUMM WEITERBEARBEITEN BITTE RETURN DRUECKEN ',/////)
          ENDPAR = 1
          READ(5,*)
          GOTO 999
       END IF

C
C      RESTVERTEILUNG DER DIFFERENZ ZWISCHEN BZZ UND SUMME AMD'S
C      ALLES ZUSAMMEN ERGIBT DEN DELTASOL
C

       KAPRES = GBZZ - AMDSUM - NPOS
C
C      VERTEILUNG GEMAESS DER GROESSE VON AMD
C

       IF (KAPRES.LT.0) THEN
          KAPRES = KAPRES + NPOS

          DO 16 J = 1,NPOS
             DELTASOLL(J) = 0.
16        CONTINUE
C
C      VERTEILUNG DER VORHANDENEN KAPRESERVEN AUF DIE GROESSTEN, WENN
C      NICHT GENUEGEND VORHANDEN SIND
C

          IZ = 1

          DO WHILE (IZ.LE.KAPRES)
             MAM = 0
             JD  = 0

             DO 17 J = 1,NPOS
                IF (AMD(J).GT.MAM.AND.DELTASOLL(J).EQ.0) THEN
                   JD  = J
                   MAM = AMD(J)
                END IF
17           CONTINUE

             DELTASOLL(JD)     = 1.
             IZ = IZ + 1
          END DO

C
C      VERTEILUNG DER KAPRESERVEN
C

       ELSE IF (KAPRES.GT.0) THEN

          VERTEILUNG = KAPRES/AMDSUM

          DO 13 I = 1,NPOS
             BERECHNUNG = AMD(I)*VERTEILUNG
             DELTASOLL(I) = DELTASOLL(I) + BERECHNUNG
             KAPRES = KAPRES - BERECHNUNG
13        CONTINUE

       END IF

C
C      BEI KAPRES = 0 HAT JEDE POSITION EINEN ERGAENZUNGSWERT BEKOMMEN
C

C
C      DELTASOLL FUELLEN
C

       DO 14 I = 1,NPOS
          DELTASOLL(I) = DELTASOLL(I) + AMD(I)
14     CONTINUE

ccccccccccccccccccccccccccccccccccccccccccccccccccccccccccccccccccccccc
ccccccccccccccccccccccccccccccccccccccccccccccccccccccccccccccccccccccc
C      BEGINN DER BEARBEITUNGSSCHLEIFE                                 C
ccccccccccccccccccccccccccccccccccccccccccccccccccccccccccccccccccccccc

210    KENNER = 0
```

```fortran
CCCCCCCCCCCCCCCCCCCCCCCCCCCCCCCCCCCCCCCCCCCCCCC
C       SORTIEREN DER WST                      C
CCCCCCCCCCCCCCCCCCCCCCCCCCCCCCCCCCCCCCCCCCCCCCC

        IF (NPOS.EQ.1) GOTO 3
        MEND    = NPOS

2       LAUF    = 1
        TAUSCH  = 1

        DO WHILE (LAUF.NE.MEND)
          IF (ST(1,GT(LAUF,1)).GT.ST(1,GT(LAUF+1,1))) GOTO 21
          IF (ST(1,GT(LAUF,1)).EQ.ST(1,GT(LAUF+1,1))) THEN
              M = ST(1,GT(LAUF,1))-1
              IF (M .EQ. 0) GOTO 21
              IDUM1    = GT(LAUF,1)
              IDUM2    = GT(LAUF+1,1)
              IF (BEST(IDUM1,M)/VBMIN(IDUM1) .GT.
     1            BEST(IDUM2,M)/VBMIN(IDUM2) ) THEN

21            IDUM1              = GT(LAUF,1)
              IDUM2              = GT(LAUF,2)
              GT(LAUF,1)         = GT(LAUF+1,1)
              GT(LAUF,2)         = GT(LAUF+1,2)
              GT(LAUF+1,1)       = IDUM1
              GT(LAUF+1,2)       = IDUM2

              TAUSCH  = 0
              END IF

          END IF
          LAUF = LAUF + 1
        END DO
        MEND = MEND - 1

        IF (TAUSCH.EQ.0) GOTO 2


CCCCCCCCCCCCCCCCCCCCCCCCCCCCCCCCCCCCCCCCCCCC
C       ERSTER STARTTERMIN                  C
CCCCCCCCCCCCCCCCCCCCCCCCCCCCCCCCCCCCCCCCCCCC

3       CALL START(LV)
        POS     = GT(LV,1)
        POSV    = GT(NPOS,1)


CCCCCCCCCCCCCCCCCCCCCCCCCCCCCCCCCCCCCCCCCCCCCCCCCCCCCCCCC
C       AUFTRAGSMENGENBESTIMMUNG UND EINLASTUNG         C
CCCCCCCCCCCCCCCCCCCCCCCCCCCCCCCCCCCCCCCCCCCCCCCCCCCCCCCCC

        CALL AUFTME(LV)
        IF (GT(LV,2).GT.NPZA) GOTO 998

        GOTO 210


CCCCCCCCCCCCCCCCCCCCCCCCCCCCCCCCCCCCCCCCCCCC
C       NEUE BESTANDSRECHNUNG               C
CCCCCCCCCCCCCCCCCCCCCCCCCCCCCCCCCCCCCCCCCCCC

998     DO 900 I = 1,NPOS
          DO 901 J = 1,NPZA
          BEST(I,J+1)= BEST(I,J)+AUFTR(I,J)-BED(I,J)
901       CONTINUE
900     CONTINUE


999     RETURN
        END
```

```
      SUBROUTINE START (LV)
CCCCCCCCCCCCCCCCCCCCCCCCCCCCCCCCCCCCCCCCCCCCCCCCCCCCCCCCCCCCCCCCCC
C                                                                C
C     SUBROUTINE ZUM AUFFINDEN DES STARTTERMINS MIT GEGEBENEN    C
C     EINSCHRAENKUNGSGROESSEN WIE                                C
C                                                                C
C                       POS ... POSITION                         C
C                       POSV .. POSITIONSVORGAENGER              C
C                       GT .... GRENZTERMIN                      C
C                       STV ... STARTTERMIN VORGAENGER           C
C                       KAPA .. KAPAZITAET                       C
C                       BED ... BEDARF                           C
C                       BEST .. BESTAND                          C
C                       ST .... STARTTERMIN                      C
C                       VBMIN . MINDESTBESTAND                   C
C                       DUM ... DUMMY PARAMETER ZUM FESTHALTEN   C
C                               DES ALTEN STARTTERMINS           C
C                       AUF ... RUESTZEIT                        C
C                                                                C
C                       LV .... LAUFVARIABLE                     C
C                                                                C
CCCCCCCCCCCCCCCCCCCCCCCCCCCCCCCCCCCCCCCCCCCCCCCCCCCCCCCCCCCCCCCCCC


      INTEGER BEST(10,240),AUFTR(10,240),R(10,240)
      INTEGER VBMIN(10),BZZ(10),ME(10),STMIN(10)
      INTEGER KAPA(240),KAPAR(240),BED(10,240)
      INTEGER GT(12,2), ST(50,11), AM(50,10), AMD(10)
      INTEGER P(240),MIN,POSI,PS,RTZ,STT1
      INTEGER DUM, DUM1 ,POS, POSV, STT,NSTV, STV, AUFME
      INTEGER AUF(10),VARKAP,ED(10),BZSP(10),STTV,MM,M

      REAL      DELTASOLL(10)

      COMMON /KANA/ KIN,KOUT,KGR,AL,MNWMAX,NFAMAX
      COMMON /ANG / NPOS,NPZA,RTZ
      COMMON /EIN1/ BED,ISTBEST
      COMMON /EIN2/ VBMIN,BZZ,ME,STMIN,BZSP
      COMMON /EIN3/ KAPA,KAPAR
      COMMON /EIN4/ P,PS,POSI,POSR
      COMMON /BER1/ AUFTR
      COMMON /BER2/ BEST
      COMMON /BER3/ ST,AM,AUFME
      COMMON /BER4/ AMD,ED
      COMMON /GT  / GT
      COMMON /PARA/ MARK,AMPAR,RWPAR,ENDPAR,AVTPAR
      COMMON /RUEST/ AUF,R
      COMMON /DELT/ DELTASOLL
      COMMON /VARI/ VARKAP,MIN,KENN
      COMMON /EMER / KENNER,RWPZ

CCCCCCCCCCCCCCCCCCCCCCCCCCCCCCCCCCCCCCCCCCCCCCCCCCCCCCCCC
C     STARTPARAMETER UND POS-BESTIMMUNG                 C
CCCCCCCCCCCCCCCCCCCCCCCCCCCCCCCCCCCCCCCCCCCCCCCCCCCCCCCCC


      POSV    = 0
      STV     = 0
      IF (LV.EQ.1 .OR .LV.EQ.11) THEN
         POS  = GT(1,1)
         POSV = GT(NPOS,1)
         STT  = GT(1,2)
      ELSE
         IF (LV .EQ. 12) THEN
            POS  = PS
            POSV = POSI
            STT  = GT(12,2)
         ELSE
            POS      = GT(LV,1)
            POSV     = GT(LV-1,1)
            STT      = GT(POS,2)
            IF (NPOS.EQ.1) POSV = POS
         END IF
      END IF
      STT1 = STT

      DUM1= 0
      I   = 0
      N   = 0
      IF (LV .EQ. 11 .OR. LV .EQ. NPOS) THEN
         IF (AM(1,POSV) .EQ. 0) THEN
            STV      = ST(2,POSV)
         ELSE
            STV      = ST(1,POSV)
         END IF

         NSTV     = STV + ED(POSV) - 1
         IF (ED(POSV).EQ.0) NSTV = NSTV + 1

         DUM = STT
         GOTO 199

      END IF

      DUM = STT+1
      IF (AM(1,POSV).EQ.0.AND.ST(1,POSV).NE.0) THEN
         STV      = ST(1,POSV)
      ELSE
         STV      = ST(2,POSV)
      END IF

      NP      = 0
      NSTV    = STV


CCCCCCCCCCCCCCCCCCCCCCCCCCCCCCCCCCCCCCCCCCCCC
C     NUR BEI ERSTER STARTBERECHNUNG  C
CCCCCCCCCCCCCCCCCCCCCCCCCCCCCCCCCCCCCCCCCCCCC

      IF (AM(1,POSV) .EQ. 0) GOTO 200


CCCCCCCCCCCCCCCCCCCCCCCCCCCCCCCCCCCCCCCCCCCCCCCCCC
C     BERECHNUNG DES LETZTEN EINLASTUNGSPZA      C
C               DES POSV                         C
CCCCCCCCCCCCCCCCCCCCCCCCCCCCCCCCCCCCCCCCCCCCCCCCCC

100   IF (AUFTR(POSV,NSTV) .EQ. 0 .AND. R(POSV,NSTV) .EQ. 0) THEN
         IF (KAPA(NSTV).EQ.0) THEN
            NP = NP+1
            GOTO 102
         ELSE
            GOTO 101
         END IF
      ELSE
         NP   = 0
102      NSTV = NSTV + 1
         GOTO 100
      END IF

101   IF (NP .GT. 0 ) NSTV = NSTV -NP

CCCCCCCCCCCCCCCCCCCCCCCCCCCCCCCCCCCCCCCCCCCCCCCCCCCCCCC
C     BERUECKSICHTIGUNG DER KAPAZITAETSLUECKE          C
CCCCCCCCCCCCCCCCCCCCCCCCCCCCCCCCCCCCCCCCCCCCCCCCCCCCCCC

      IF (NSTV.NE.STV) NSTV = NSTV - 1

CCCCCCCCCCCCCCCCCCCCCCCCCCCCCCCCCCCCCCCCCCCCCCCCCCCCCCC
C     BEGINN EINER SCHLEIFE, DIE AUF STT>NSTV, I=0     C
C     UND N=0 PRUEFT                                   C
CCCCCCCCCCCCCCCCCCCCCCCCCCCCCCCCCCCCCCCCCCCCCCCCCCCCCCC

199   DO WHILE (STT.GE.NSTV .AND. I.EQ.0 .AND. N.EQ.0)

CCCCCCCCCCCCCCCCCCCCCCCCCCCCCCCCCCCCCCCCCCCCCCCCCCCCCCC
C     SCHLEIFE ZUM FINDEN DER NAECHSTEN FREIEN         C
C     KAPAZITAET                                       C
CCCCCCCCCCCCCCCCCCCCCCCCCCCCCCCCCCCCCCCCCCCCCCCCCCCCCCC

200      DO WHILE (KAPAR(STT) .EQ. 0 .AND. N .EQ. 0)
            STT = STT - 1
            IF (STT.LT.NSTV) N = 1
         END DO

CCCCCCCCCCCCCCCCCCCCCCCCCCCCCCCCCCCCCCCCCCCCCCCCCCCCCCC
C     THEN-BLOCK BEI (N.NE.1)                          C
CCCCCCCCCCCCCCCCCCCCCCCCCCCCCCCCCCCCCCCCCCCCCCCCCCCCCCC

         IF (N.NE.1) THEN

CCCCCCCCCCCCCCCCCCCCCCCCCCCCCCCCCCCCCCCCCCCCCCCCCCCCCCC
C     LOCK ZUM AUFFINDEN EINER                         C
C     RICHTIGEN VBMIN-EINSCHRAENKUNG                   C
C     WENN KEIN KRITERIUM ERFUELLT IST BLEIBT I=0      C
C     SONST WIRD I=1 UND DIE AEUSSERE SCHLEIFE         C
C     WIRD VERLASSEN                                   C
CCCCCCCCCCCCCCCCCCCCCCCCCCCCCCCCCCCCCCCCCCCCCCCCCCCCCCC

CCCCCCCCCCCCCCCCCCCCCCCCCCCCCCCCCCCCCCC
C     1. STARTTERMIN  = 1              C
CCCCCCCCCCCCCCCCCCCCCCCCCCCCCCCCCCCCCCC

250         IF (STT .EQ. 1) GOTO 900

CCCCCCCCCCCCCCCCCCCCCCCCCCCCCCCCCCCCCCC
C     2. UEBERLAPPUNG MOGLICH ???      C
CCCCCCCCCCCCCCCCCCCCCCCCCCCCCCCCCCCCCCC

            IF (STT .EQ. NSTV) THEN

               IF (STV .EQ. NSTV) GOTO 800

               IF (BEST(POS,STT).GT.VBMIN(POS).AND.DUM1.GT.0) GOTO

               MK = 0
               MIN = BED(POS,STT) - BEST(POS,STT)
               MIN = MIN + AUF(POS)*VARKAP*STMIN(POS)/100
290            DIFF = IFIX(0.999 + MIN*100./FLOAT(VARKAP*STMIN(POS)

               IF (KAPAR(STT) .GE. DIFF ) THEN

                  IF (KAPAR(STT+1) .GT. 0 .OR. MK .EQ. 1) GOTO 9
                  M = STT
291               M = M + 1
                  IF (KAPAR(M) .EQ. 0) THEN
                     MIN = MIN + BED(POS,M)
                     GOTO 291
                  END IF
                  MK = 1
                  GOTO 290

               ELSE

                  GOTO 800

               END IF
            END IF


CCCCCCCCCCCCCCCCCCCCCCCCCCCCCCCCCCCCCCC
C     3. VBMIN-ABFRAGEN                C
CCCCCCCCCCCCCCCCCCCCCCCCCCCCCCCCCCCCCCC

CCCCCCCCCCCCCCCCCCCCCCCCCCCCCCCCCCCCCCCCCCCCCCCC
C     3.1. STT < VBMIN UND STT-1 > VBMIN       C
CCCCCCCCCCCCCCCCCCCCCCCCCCCCCCCCCCCCCCCCCCCCCCCC

300         IF (BEST(POS,STT).LT.VBMIN(POS) .AND. BEST(POS,STT-1)
     1                        .GE.VBMIN(POS)) THEN
               IF (KAPAR(STT) .GT. 0) GOTO 900
               GOTO 800
            END IF
```

```fortran
CCCCCCCCCCCCCCCCCCCCCCCCCCCCCCCCCCCCCCCCCCCCCCCCCC
C         3.2. STT > VBMIN UND STT+1 < 0            C
CCCCCCCCCCCCCCCCCCCCCCCCCCCCCCCCCCCCCCCCCCCCCCCCCC

310               IF (BEST(POS,STT).GE.VBMIN(POS) .AND. BEST(POS,STT+1)
     1                              .LT. 0) GOTO 900

CCCCCCCCCCCCCCCCCCCCCCCCCCCCCCCCCCCCCCCCCCCCCCCCCC
C         3.3. STT < VBMIN UND STT-1 < VBMIN        C
CCCCCCCCCCCCCCCCCCCCCCCCCCCCCCCCCCCCCCCCCCCCCCCCCC

320               IF (BEST(POS,STT).LT.VBMIN(POS) .AND. BEST(POS,STT-1)
     1                              .LT. VBMIN(POS)) THEN

CCCCCCCCCCCCCCCCCCCCCCCCCCCCCCCCCCCCCCCCCCCCCCCCCC
C         SUCHE ERSTES PZA MIT BEST < VBMIN         C
CCCCCCCCCCCCCCCCCCCCCCCCCCCCCCCCCCCCCCCCCCCCCCCCCC

                  DO WHILE (BEST(POS,STT).LT.VBMIN(POS) .AND. STT .GE. NSTV)
                      STT = STT - 1
                  END DO
                  STT = STT + 1
          PRINT*,'START 320 STT= ',STT

CCCCCCCCCCCCCCCCCCCCCCCCCCCCCCCCCCCCCCCCCCCCCCCCCC
C         ABFRAGE AUF KAPAZITAET UND BEDARF         C
CCCCCCCCCCCCCCCCCCCCCCCCCCCCCCCCCCCCCCCCCCCCCCCCCC

321               IF (KAPA(STT).GT.0) THEN
                      IF (BED(POS,STT).NE. 0) GOTO 900
                      DUM1 = STT
                  END IF
          PRINT*,'START 321 DUM1 =',DUM1
                  STT = STT + 1
                  IF (STT .LE. STT1) GOTO 321
                  STT = DUM1
                  GOTO 900

              END IF

CCCCCCCCCCCCCCCCCCCCCCCCCCCCCCCCCCCCCCCCCCCCCCCCCC
C         3.4. STT > VBMIN UND KAPA STT+1 = 0       C
CCCCCCCCCCCCCCCCCCCCCCCCCCCCCCCCCCCCCCCCCCCCCCCCCC

330               IF (BEST(POS,STT).GT.VBMIN(POS).AND.KAPA(STT+1).EQ.0) THEN

                  IF (BEST(POS,STT+1).LT.VBMIN(POS)) THEN
                      IF (DUM1.NE.0) GOTO 800
                      MARK = 11
                      GOTO 900
                  END IF

                  IF (BEST(POS,STT+1).GE.VBMIN(POS)) GOTO 800

              END IF

CCCCCCCCCCCCCCCCCCCCCCCCCCCCCCCCCCCCCCCCCCCCCCCCCCC
C         BEI ERSTER EINLASTUNG UND KEINER EINSCHRAENKUNG C
CCCCCCCCCCCCCCCCCCCCCCCCCCCCCCCCCCCCCCCCCCCCCCCCCCC

340               IF (AM(1,POSV) .EQ. 0) THEN
                      DUM1 = STT
                      STT  = STT - 1
                      GOTO 200
                  END IF

CCCCCCCCCCCCCCCCCCCCCCCCCCCCCCCCCCCCCCCCCCCCCCCCCCC
C         WENN KEINE EINSCHRAENKUNG ERFOLGT IST,      C
C         WIRD NUN DER ALTE STARTTERMIN IN DUM GE-    C
C         SPEICHERT UND STT = STT-1 GEBILDET          C
C         ENDE DES GROSSEN THEN-BLOCKES               C
CCCCCCCCCCCCCCCCCCCCCCCCCCCCCCCCCCCCCCCCCCCCCCCCCCC

              STT = STT - 1
              IF (DUM1.EQ.0) DUM = STT
              END IF

CCCCCCCCCCCCCCCCCCCCCCCCCCCCCCCCCCCCCCCCCCCCCCCCCCC
C         ENDE DER GROSSEN DO-WHILE-SCHLEIFE          C
CCCCCCCCCCCCCCCCCCCCCCCCCCCCCCCCCCCCCCCCCCCCCCCCCCC

700       END DO

CCCCCCCCCCCCCCCCCCCCCCCCCCCCCCCCCCCCCCCCCCCCCCCCCCC
C         WENN STT<=NSTV, DANN MUSS MAN DEN IN DUM (DUM1) C
C         GESPEICHERTEN WERT NEHMEN, DA WST NICHT     C
C         GLEICH WSTV SEIN DARF; BEI LV=1 IST BEREITS C
C         GEPRUEFT,OB GENUG KAPAZ VORHANDEN IST >> 900 C
CCCCCCCCCCCCCCCCCCCCCCCCCCCCCCCCCCCCCCCCCCCCCCCCCCC

800       IF (DUM1.GT.0) THEN
                      DUM = DUM1
          END IF
          PRINT*,' START 800 DUM=',DUM
          IF (N .EQ. 1 .OR. STT .LE. NSTV .OR. DUM1 .GT. 0) THEN
                      STT = DUM
          END IF
CCCCCCCCCCCCCCCCCCCCCCCCCCCCCCC
C         BEDARFSLUECKE       C
CCCCCCCCCCCCCCCCCCCCCCCCCCCCCCC

900       CONTINUE
C         PRINT*,'BEDARFABFRAGE'
C         IF (LV.GT.1.AND.LV.LT.11) GOTO 999
C         STTV = ST(2,POS)+BZZ(POS)
C         IF (STTV .LT. NSTV) STTV = NSTV
C         PRINT*,'STTV ',STTV,' STT ',STT,' POS ',POS
C         IF (STTV.LT.STT) THEN
C         PRINT*,'STTV<STT'
C                 MM=0
C                 DO 810 M= STT-1,STTV,-1
C                         IF (BED(POS,M).EQ.0) THEN
C                             IF(BED(POS,M-1).GT.0) GOTO 812
C                         END IF
C810              CONTINUE
C         PRINT*,'KEIN BEDARF = 0'
C                 GOTO 999
C812              IF (NSTV.LT.STT.AND.M.LT.STT ) THEN
C                 PRINT*,'BEDARF 0 IN M',M,' < STT '
C                         IF (KAPA(M).GT.0) THEN
C                 PRINT*,'KAPA IN M > 0',M
C                             STT=M
C                             GOTO 999
C                         ELSE
C                             M=M+1
C                             GOTO 812
C                         END IF
C                 END IF
C         END IF
C
CCCCCCCCCCCCCCCCCCCCCCCCCCCCCCCCCCCCCCCCCCCCCCCCCCC
C         STARTTERMIN DEFINIEREN                     C
CCCCCCCCCCCCCCCCCCCCCCCCCCCCCCCCCCCCCCCCCCCCCCCCCCC

999       IF ((LV.GE.1. AND .LV.LE.NPOS) .OR. LV .EQ. 12) ST(1,POS) = STT

          IF (LV .EQ. 11) ST(1,11) = STT
          PRINT*,'START LV',LV,' STT ',STT
          RETURN
          END
```

```fortran
      SUBROUTINE AUFTME (LV)
CCCCCCCCCCCCCCCCCCCCCCCCCCCCCCCCCCCCCCCCCCCCCCCCCCCCCCCCCCCCCCCCCC
C                                                                C
C     SUBROUTINE ZUM BESTIMMEN DER AUFTRAGSMENGE                 C
C                                                                C
C                                                                C
C        ES WERDEN FOLGENDE UNTERPROGRAMME BENUETZT              C
C                                                                C
C                AVT...  AUFTRAGSVERTEILUNG MUSS AUFGERUPEN      C
C                        WERDEN, DA NACH JEDER AENDERUNG DER     C
C                        AUFTRAGSMENGE DIE FELDER NEU BESETZT    C
C                        WERDEN MUSSEN, UM EINEN GENAUEN START-  C
C                        TERMIN BESTIMMEN ZU KOENNEN.            C
C                                                                C
C                GRZTERM UNTERPROGRAMM ZUR BESTIMMUNG DER        C
C                        !.T DEN VERAENDERTEN AUFTRAGSMENGEN     C
C                        VERBUNDENEN NEUEN GRENZTERMINE          C
C                                                                C
C                START . UM DEN WIEDERHOLSTARTTERMIN ZU          C
C                        BERECHNEN UND DIE KONTROLLE MIT DER     C
C                        ERWARTETEN AUFTRAGSDAUER DES            C
C                        POSITIONSVORGAENGERS VORZUNEHMEN        C
C                                                                C
C                RWPLAN  BEI BESTIMMTEN KRITERIEN MUSS EINE      C
C                        RUECKWAERTSPLANUNG DURCHGEFUEHRT        C
C                        WERDEN:                                 C
C                        1. WENN NEGATIVE BESTAENDE WAEHREND     C
C                           DER EINLASTUNG AUFTRETEN             C
C                        2. WENN DER GT IN EINE KAPAZIATAETS-    C
C                           ERSTE INSCKE EASLLT                  C
C                                                                C
C                ERWAD   UM DIE ZU ERWARTENDE AUFTRAGSDAUER      C
C                        DER POSITION ZU BERECHNEN IN ABH.       C
C                        VOM BZZ-SPEICHER                        C
C                                                                C
CCCCCCCCCCCCCCCCCCCCCCCCCCCCCCCCCCCCCCCCCCCCCCCCCCCCCCCCCCCCCCCCCC

      INTEGER       BEST(10,240),BED(10,240),AUFTR(10,240)
      INTEGGER       GT(12,2),ST(50,11),ISTBEST(10),R(10,240)
      INTEGER       KAPA(240),KAPAR(240),P(240),AM(50,10)
      INTEGER       VBMIN(10),BZZ(10),STMIN(10),ME(10)
      INTEGER       POS,POSV,STT,AUFME,STTV,BZSP(10),ED(10)
      INTEGER       AMPAR,RWPAR,ENDPAR,AVTPAR,RTZ,ASTTV,BSTTV
      INTEGER       DELTAOBEN,DELTAUNTEN,DELTA,KENNER,CSTTV
      INTEGER       AUF(10),VARKAP,RKAPA,MIN,KENN,MARK,MERK

      REAL          DELTASOLL(10),AMD(10),DELTASOLLMAX

      COMMON  /KANA/  KIN,KOUT,KDAT,KAUS,KGR,AL,MNWMAX,NFAMAX
      COMMON  /ANG /  NPOS,NPZA,RTZ
      COMMON  /EIN1/  BED,ISTBEST
      COMMON  /EIN2/  VBMIN,BZZ,ME,STMIN,BZSP
      COMMON  /EIN3/  KAPA,KAPAR
      COMMON  /EIN4/  P,PS,POSI,POSR
      COMMON  /BER1/  AUFTR
      COMMON  /BER2/  BEST
      COMMON  /BER3/  ST,AM,AUFME
      COMMON  /BER4/  AMD,ED
      COMMON  /GT  /  GT
      COMMON  /DELT/  DELTASOLL
      COMMON  /PARA/  MARK,AMPAR,RWPAR,ENDPAR,AVTPAR
      COMMON  /RUEST/ AUF,R
      COMMON  /VARI/  VARKAP,MIN,KENN
      COMMON  /EMER/  KENNER,RWPZ

CCCCCCCCCCCCCCCCCCCCCCCCCCCCCCCCCCCCCCCCCCCCCCCCCCCCC
C                                                   C
C     LV BEI UNREGELMAESSIGER REIHENFOLGE           C
C     IMMER 1 ,DA DIE GRZTERM-TABELLE IM            C
C     HAUPTPROGRAMM IMMER SORTIERT WIRD             C
C     WENN DIE REIHENFOLGE DER GT EINGEHALTEN       C
C     WERDEN SOLL, MUSS DIE LAUFVARIABLE LV         C
C     VERAENDERT WERDEN                             C
CCCCCCCCCCCCCCCCCCCCCCCCCCCCCCCCCCCCCCCCCCCCCCCCCCCCC

      POS           = GT(LV,1)
      POSV          = GT(NPOS,1)
      STT           = ST(1,POS)
      MERK   = 0

CCCCCCCCCCCCCCCCCCCCCCCCCCCCCCCCCCCCCCCCCCCCCCCCCCCCC
C     ABSPEICHERN DER ALTEN GT,ST,AM                C
CCCCCCCCCCCCCCCCCCCCCCCCCCCCCCCCCCCCCCCCCCCCCCCCCCCCC

      M      = RTZ-1
      DO 100 I = M,2,-1
        ST(I+1,POS) = ST(I,POS)
        AM(I,POS)   = AM(I-1,POS)
100   CONTINUE

CCCCCCCCCCCCCCCCCCCCCCCCCCCCCCCCCCCCCCCCCCCCCCCCCCCCC
C     ABFRAGE, OB ST>GT IST (RWPLAN)                C
CCCCCCCCCCCCCCCCCCCCCCCCCCCCCCCCCCCCCCCCCCCCCCCCCCCCC

      IF (ST(1,POS).GT.GT(LV,2)) STT = GT(LV,2)

      ST(2,POS)  = ST(1,POS)
      ST(1,11)      = 0
      MARK          = 0
      DELTASOLLMAX  = 0.
      PRINT*,'BED 3 31',BED(3,31)

CCCCCCCCCCCCCCCCCCCCCCCCCCCCCCCCCCCCCCCCCCCCCCCCCCCCC
C     4 ALGORITHMEN ZUR BESTIMMUNG DER             C
C     AUFTRAGSMENGE                                 C
C                                                   C
C         1. BZZ UEBER ALLE PZA'S                   C
C         2. BZZ UEBER KAPAZITAETSFAK-              C
C            TOREN                                  C
C         3. PZA UEBER DELTASOLL                    C
C         4. KAPAZ-FAKTOREN MIT                     C
C            DELTASOLL                              C
CCCCCCCCCCCCCCCCCCCCCCCCCCCCCCCCCCCCCCCCCCCCCCCCCCCCC

50    AUFME = 0
      IF (AMPAR.EQ.1) GOTO 51
      IF (AMPAR.EQ.2) GOTO 52
      IF (AMPAR.EQ.3) GOTO 53
      IF (AMPAR.EQ.4) GOTO 54

CCCCCCCCCCCCCCCCCCCCCCCCCCCCCCCCCCCCCCCCCCCCCCCCCCCCC
C     ALGORITHMUS ZUM BESTIMMEN DER                C
C     AUFTRAGSMENGE                                 C
C     BZZ UEBER ALLE FOLGENDEN PZA'S                C
CCCCCCCCCCCCCCCCCCCCCCCCCCCCCCCCCCCCCCCCCCCCCCCCCCCCC

51    IF (BZSP(POS).GT.BZZ(POS)-1) THEN
              IF (BED(POS,STT).GT.0) THEN
                              M = STT
              ELSE
                              AUFME = ME(POS)-1
                              GOTO 60
              END IF
      ELSE
              M       = STT + BZZ(POS) - 1 - BZSP(POS)
      END IF

      DO 101  I = STT,M
          AUFME = AUFME + BED(POS,I)
101   CONTINUE
      PRINT*,'POS',POS,'STT',STT,'M',M,'AUFME',AUFME
      GOTO 60

CCCCCCCCCCCCCCCCCCCCCCCCCCCCCCCCCCCCCCCCCCCCCCCCCCCCC
C     BZZ UEBER KAPAZITAETSFAKTOREN                C
CCCCCCCCCCCCCCCCCCCCCCCCCCCCCCCCCCCCCCCCCCCCCCCCCCCCC

52    I     = STT
      NSUM    = 0

62    NSUM    = NSUM + KAPA(I)
      AUFME = AUFME + BED(POS,I)
      IF (NSUM.GE.(BZZ(POS)*100)) GOTO 60
      I       = I + 1
      GOTO 62

CCCCCCCCCCCCCCCCCCCCCCCCCCCCCCCCCCCCCCCCCCCCCCCCCCCCC
C     BERECHNUNG UEBER DELTASOLL UND               C
C     STT DES VORDERMANNES HINAUS                   C
C     UEBER FOLGENDE PZA'S                          C
CCCCCCCCCCCCCCCCCCCCCCCCCCCCCCCCCCCCCCCCCCCCCCCCCCCCC

53    M     = STTV + DELTASOLL(POSV)

      DO 103  IDELTA = STT,M
          AUFME = AUFME + BED(POS,IDELTA)
103   CONTINUE

      GOTO 60

CCCCCCCCCCCCCCCCCCCCCCCCCCCCCCCCCCCCCCCCCCCCCCCCCCCCC
C     BERECHNUNG AUFME UEBER STT VORDERMANN         C
C     UND ERFUELLUNG DES DELTASOLL MIT DER          C
C     KAPAZITAET                                    C
CCCCCCCCCCCCCCCCCCCCCCCCCCCCCCCCCCCCCCCCCCCCCCCCCCCCC

54    DO 104 IDELTA = STT,STTV-1
          AUFME = AUFME + BED(POS,IDELTA)
104   CONTINUE

      NSUM    = 0
      IDELTA  = IDELTA + 1

64    NSUM = NSUM + KAPA(IDELTA)
      AUFME = AUFME + BED(POS,IDELTA)
      IF (NSUM.GE.DELTASOLL(POSV)*100) GOTO 60
      IDELTA = IDELTA + 1

      GOTO 64

CCCCCCCCCCCCCCCCCCCCCCCCCCCCCCCCCCCCCCCCCCCCCCCCCCCCC
C     AUFRUNDEN MIT INTERGERDIVISION               C
C     AUF GANZE RASTEREINHEIT                       C
CCCCCCCCCCCCCCCCCCCCCCCCCCCCCCCCCCCCCCCCCCCCCCCCCCCCC

60    AUFME    = AUFME + VBMIN(POS) - BEST(POS,STT)
      M        = (AUFME-1)/ME(POS)
      PRINT*,'AUFME 60',AUFME,'M=',M

CCCCCCCCCCCCCCCCCCCCCCCCCCCCCCCCCCCCCCCCCCCCCCCCCCCCC
C     EVENTUELL UNTERDECKUNG                        C
CCCCCCCCCCCCCCCCCCCCCCCCCCCCCCCCCCCCCCCCCCCCCCCCCCCCC

      IF ((M*ME(POS) + VBMIN(POS)) .GT. AUFME .AND. M .NE. 0) THEN
              AUFME   = M*ME(POS)
      ELSE

              AUFME = (M+1)*ME(POS)
      END IF
      IF (NPOS.EQ.1) GOTO 81
      PRINT*,'AUFME IF',AUFME
      IF (BED(POS,STT).GT.(AUFME+BEST(POS,STT)-VBMIN(POS))) THEN
      PRINT*,'BED',BED(POS,STT),'BEST',BEST(POS,STT),'STT',STT
      AUFME = AUFME + ME(POS)
      END IF

      PRINT*,'A U FTME POS',POS,'AUFME',AUFME,' BZS ',BZSP(POS)
      PRINT*,'BEST STT',BEST(POS,STT)
CCCCCCCCCCCCCCCCCCCCCCCCCCCCCCCCC
C     STT > GT ???     C
CCCCCCCCCCCCCCCCCCCCCCCCCCCCCCCCC

      IF (ST(1,POS) .GT. GT(LV,2) .OR. BEST(POS,STT).LT.0) THEN
              AM(1,POS) = AUFME
              MARK = 99
              CALL RWPLAN (LV)
              STT = ST(1,POS)
              AM(1,POS) = 0
      END IF
```

```fortran
CCCCCCCCCCCCCCCCCCCCCCCCCCCCCCCCCCCCCCCCCCCCCCCC
C          ERSTER EINLASTVERSUCH                 C
CCCCCCCCCCCCCCCCCCCCCCCCCCCCCCCCCCCCCCCCCCCCCCCC

81        CALL AVT (LV)
          CALL GRZTERM(LV)

CCCCCCCCCCCCCCCCCCCCCCCCCCCCCCCCCCCCCCCCCCCCCCCC
C          SONDERFALL BEI NEGATIVBESTAND WAEHREND  C
C                   DER EINLASTUNG                  C
C          ES ERFOLGT EINE RUECKWAERTSPLANUNG       C
C          AKTUELLE AUFME IST DANN EINGELASTET      C
CCCCCCCCCCCCCCCCCCCCCCCCCCCCCCCCCCCCCCCCCCCCCCCC

          IF (KENN .EQ. 1) THEN
               AM(1,POS) = AUFME
               CALL RWPLAN(LV)
               CALL GRZTERM(1)
               IF (ENDPAR .EQ. 1) GOTO 999
               STT       = ST(1,POS)
               AM(1,POS) = 0
               KENN      = 0
          END IF

          IF (NPOS.EQ.1) GOTO 900
          IF (GT(LV,2).GT.NPZA) GOTO 999

CCCCCCCCCCCCCCCCCCCCCCCCCCCCCCCCCCCCCCCCCCCCCCCC
C          ERSTE BERECHNUNG DES WST                C
CCCCCCCCCCCCCCCCCCCCCCCCCCCCCCCCCCCCCCCCCCCCCCCC

13        CALL START(11)

CCCCCCCCCCCCCCCCCCCCCCCCCCCCCCCCCCCCCCCCCCCCCCCC
C          SONDERFALL BEI BESTAENDEN > VBMIN       C
C             ZUM WIEDERHOLSTARTTERMIN             C
CCCCCCCCCCCCCCCCCCCCCCCCCCCCCCCCCCCCCCCCCCCCCCCC

          IF (BEST(POS,ST(1,11)) .GT. VBMIN(POS) .AND. MARK.EQ.11) THEN
ASTTV     = BEST(POS,ST(1,11))
14             IF (ASTTV - ME(POS).GT.0) THEN
                         AUFME = AUFME - ME(POS)
                         ASTTV = ASTTV - ME(POS)
                         GOTO 14
               END IF
               CALL AVT(LV)
               CALL GRZTERM(LV)
               MERK = 1
               MARK = 0
          END IF

          STTV             = ST(1,POSV)+ED(POSV)
          IF (ED(POSV) .NE. 0) STTV = STTV - 1

          ASTTV    = STTV
          BSTTV    = ST(1,POSV)
          CSTTV    = ED(POSV)

CCCCCCCCCCCCCCCCCCCCCCCCCCCCCCCCCCCCCCCCCCCCCCCC
C          ABFRAGE GEGEN DEN WST-VORGAENGER        C
C          FALLS WST<WSTV IST WIRD VERSUCHT,DESSEN C
C          AUFTRAGSMENGE UM EINE RASTEREINHEIT ZU  C
C          VERRINGERN (ABH. VOM WSTVVG )           C
CCCCCCCCCCCCCCCCCCCCCCCCCCCCCCCCCCCCCCCCCCCCCCCC

1         IF (ST(1,11).LE.STTV) THEN

               IF (AM(1,POSV).NE.0 .AND. AM(1,POS).NE.0) THEN
               AM(1,POSV)  = AM(1,POSV) - ME(POSV)
               IF (AM(1,POSV) .EQ. 0) THEN
                         AM(1,POSV) = ME(POSV)
                         GOTO 3
               END IF
               CALL AVT (NPOS)
               CALL GRZTERM (NPOS)
               CALL ERWAD (POSV)
               CALL START (NPOS)
               NSTTV = ST(1,POSV)+ED(POSV)-1
               IF (ED(POSV) .EQ. 0) NSTTV = NSTTV + 1

               IF (ST(1,POSV).GT.GT(NPOS,2)) GOTO 2


CCCCCCCCCCCCCCCCCCCCCCCCCCCCCCCCCCCCCCCCCCCCCCCC
C          ABFRAGE GEGEN DEN VORVORGAENGER         C
CCCCCCCCCCCCCCCCCCCCCCCCCCCCCCCCCCCCCCCCCCCCCCCC

               IF (NPOS.EQ.2) THEN
                 GTVVG = ST(1,11)
               ELSE
                 GTVVG = ST(1,GT(NPOS-1,1))
               END IF

               GTVVG      = GTVVG + ED(GT(NPOS-1,1)) - 1
               IF (ED(GT(NPOS-1,1)) .EQ. 0) GTVVG = GTVVG + 1

               IF (ST(1,POSV).GT.GTVVG ) THEN

                 STTV     = NSTTV
                 IF (ST(1,11).GT.STTV) THEN
                                   CALL START(11)
                                   GOTO 8

CCCCCCCCCCCCCCCCCCCCCCCCCCCCCCCCCCCCCCCCCCCCCCCCCC
C          GT IST RICHTIG, DER POSV WIRD VERRINGERT  C
CCCCCCCCCCCCCCCCCCCCCCCCCCCCCCCCCCCCCCCCCCCCCCCCCC

                 ELSE
                                   GOTO 3
CCCCCCCCCCCCCCCCCCCCCCCCCCCCCCCCCCCCCCCCCCCCCCCCCCCC
C          AUFME MUSS NOCH ERHOEHT WERDEN ,WEIL DER GT ZU KLEIN WAR C
CCCCCCCCCCCCCCCCCCCCCCCCCCCCCCCCCCCCCCCCCCCCCCCCCCCC
                 END IF


CCCCCCCCCCCCCCCCCCCCCCCCCCCCCCCCCCCCCCCCCCCCCCCC
C          ES ERFOLGT DIE EINLASTUNG DER ALTEN    C
C          AUFME DES POSV                         C
CCCCCCCCCCCCCCCCCCCCCCCCCCCCCCCCCCCCCCCCCCCCCCCC

          ELSE
2              AM(1,POSV) = AM(1,POSV) + ME(POSV)
               CALL AVT (NPOS)
               CALL GRZTERM (NPOS)
               STTV   = ASTTV
               ST(1,POSV) = BSTTV
               ED(POSV)   = CSTTV
          END IF
     END IF


CCCCCCCCCCCCCCCCCCCCCCCCCCCCCCCCCCCCCCCCCCCCCCCC
C          BEGINN EINER NEUEN SCHLEIFE            C
C          ERHOEHEN DER AUFME BIS DER WST>WSTV     C
CCCCCCCCCCCCCCCCCCCCCCCCCCCCCCCCCCCCCCCCCCCCCCCC

3         IF (ST(1,11).LE.STTV) THEN
               AUFME = AUFME + ME(POS)
               CALL AVT (1)
               CALL GRZTERM (1)
               IF (KENN .EQ. 1) THEN
                    AM(1,POS) = AUFME
CCCCCCCCCCCCCCCCCCCCCCCCCCCCCCCCCCCCCCCCCCCCCCCC
C          EVENTUELL RWPLANUNG WENN BEI DER EINLASTUNG   C
C          NEGATIVE BESTAENDE AUFTRATEN                  C
CCCCCCCCCCCCCCCCCCCCCCCCCCCCCCCCCCCCCCCCCCCCCCCC
                    CALL RWPLAN(LV)
                    CALL GRZTERM(1)
                    STT = ST(1,POS)
                    AM(1,POS) = 0
                    KENN      = 0
                    IF (ENDPAR .EQ. 1) GOTO 999
               END IF
               MERK = 1

               CALL START (11)

               IF (GT(LV,2).GT.NPZA) GOTO 999
               GOTO 3
CCCCCCCCCCCCCCCCCCCCCCCCCCCCCCCCCCC
C          ENDE DES ERSTEN BLOCKES C
CCCCCCCCCCCCCCCCCCCCCCCCCCCCCCCCCCC

          END IF


CCCCCCCCCCCCCCCCCCCCCCCCCCCCCCCCCCCCCCCCCCCCCCCC
C          ERHOEHUNG DER AUFME BIS DER            C
C          NEU ERRECHNETE W-STARTTERMIN           C
C          KLEINER IST ALS DER GT                 C
CCCCCCCCCCCCCCCCCCCCCCCCCCCCCCCCCCCCCCCCCCCCCCCC

8         IF (ST(1,11).GT.GT(LV,2) .OR. KAPA(ST(1,11)) .EQ. 0) THEN
               AUFME = AUFME + ME(POS)
               MERK = 1
               CALL AVT (LV)
               CALL GRZTERM (LV)
                    IF (KENN .EQ. 1) THEN
                         AM(1,POS) = AUFME
CCCCCCCCCCCCCCCCCCCCCCCCCCCCCCCCCCCCCCCCCCCCCCCC
C          EVENTUELL RWPLANUNG WENN BEI DER EINLASTUNG   C
C          NEGATIVE BESTAENDE AUFTRATEN                  C
CCCCCCCCCCCCCCCCCCCCCCCCCCCCCCCCCCCCCCCCCCCCCCCC
                         CALL RWPLAN(LV)
                         CALL GRZTERM(1)
                         STT = ST(1,POS)
                         AM(1,POS) = 0
                         KENN      = 0
                         IF (ENDPAR .EQ. 1) GOTO 999
                    END IF

               CALL START (11)
               IF (GT(LV,2).GT.NPZA) GOTO 999
               GOTO 8
          END IF

CCCCCCCCCCCCCCCCCCCCCCCCCCCCCCCCCCCCCCCCCCCCCCCC
C          BERECHNUNG UEBER DELTASOLL             C
C          ENTFAELLT,WENN AM VORHER               C
C          ERHOEHT WERDEN MUSSTE (MERK=1)         C
CCCCCCCCCCCCCCCCCCCCCCCCCCCCCCCCCCCCCCCCCCCCCCCC

          IF (MERK .EQ. 1) GOTO 9

          IF (AMPAR.EQ.1. OR .AMPAR.EQ.2) THEN
               DELTAOBEN = ST(1,11) - STTV
          ELSE
               DELTAOBEN = ST(1,11) - IDELTA
          END IF

          AUFME    = AUFME - ME(POS)
          IF (AUFME .EQ. 0) GOTO 5

          CALL AVT (1)
          CALL GRZTERM (1)
          CALL START (11)
          IF (GT(LV,2).GT.NPZA) GOTO 999
          IF (ST(1,11).LE.STTV .OR. ST(1,11).GT.GT(LV,2)) GOTO 5

          IF (AMPAR.EQ.1. OR .AMPAR.EQ.2) THEN
               DELTAUNTEN = ST(1,11) - STTV
```

```fortran
cccccccccccccccccccccccccccccccccccccccc
C       MAX DELTASOLL SUCHEN          C
cccccccccccccccccccccccccccccccccccccccc

              DO 18 J = 1,NPOS
                  IF (DELTASOLL(J).GT.DELTASOLLMAX)
     1                  DELTASOLLMAX = DELTASOLL(J)
18                CONTINUE

                  IF (ABS(DELTASOLLMAX-DELTAUNTEN).LT.
     1                ABS(DELTASOLLMAX-DELTAOBEN)) GOTO 9

          ELSE
                  DELTAUNTEN          = ST(1,11) - IDELTA
                  IF (ABS(DELTAUNTEN).LT.ABS(DELTAOBEN)) GOTO 9

          END IF

5         AUFME = AUFME + ME(POS)
          CALL AVT (1)
          CALL GRZTERM (1)
          CALL START (11)
          IF (GT(LV,2).GT.NPZA) GOTO 999
9         CONTINUE
cccccccccccccccccccccccccccccccccccccccccccccccccccccccc
C       NEUER STARTTERMIN DER POS                      C
cccccccccccccccccccccccccccccccccccccccccccccccccccccccc

901       ST(1,POS) = ST(1,11)

cccccccccccccccccccccccccccccccccccccccccccccccccccccccc
C       ABSPEICHERN DER EINGELASTETEN AUFME            C
cccccccccccccccccccccccccccccccccccccccccccccccccccccccc

900       AM(1,POS)          = AUFME
          PRINT*,'POS ',POS,' AUFME ',AUFME,' STT ',ST(2,POS),' WST ',ST(1,11)
          IF (NPOS.EQ.1) GOTO 999
          IF (AVTPAR .EQ. 0) GOTO 998

cccccccccccccccccccccccccccccccccccccccccccccccccccccccc
C       BERECHNUNG DES NEUEN BZZ-SPEICHERS             C
cccccccccccccccccccccccccccccccccccccccccccccccccccccccc

          DELTA     = ST(1,POS)-ST(2,POS)-BZZ(POS)
          BZSP(POS) = BZSP(POS) + DELTA
          MARK = 0

cccccccccccccccccccccccccccccccccccccccccccccccccccccccccccc
C       BERECHNUNG DER NAECHSTE  AUFTRAGSMENGENDAUER   C
cccccccccccccccccccccccccccccccccccccccccccccccccccccccccccc

998       CALL ERWAD(POS)
          PRINT*,'BZ NEU',BZSP(POS),'ED ',ED(POS)
999       RETURN
          END
```

```fortran
      SUBROUTINE RWPLAN(LV)
cccccccccccccccccccccccccccccccccccccccccccccccccccccccccccccccccccc
C        DIESES UNTERPROGRAMM SUCHT DIE KAPAZITAETSLUECKEN DER       C
C        BEREITS EINGELASTETEN PZA'S UND SUMMIERT DIESE AUF , BIS    C
C        EINE EINPLANUNG DER FEHLMENGE (:= MIN) MOEGLICH WIRD.       C
C                                                                    C
C        DANN WIRD DER FOLGENDE AUFTRAG ERMITTELT UND BIS ZUM        C
C        LETZTEN BEREITS EINGELASTETEN AUFTRAG NEU EINGEPLANT.       C
C                                                                    C
C        SOLLTEN KEINE FREIEN KAPAZITAETEN MEHR VORHANDEN SEIN,      C
C        SO WIRD EINE AUSNAHMEPLANUNG VORGENOMMEN (CALL ANFANG),     C
C        IN DER DIE BISHER EINGELASTETEN AUFTRAEGE PROZENTUAL        C
C        VERRINGERT WERDEN OHNE BERUECKSICHIGUNG DER RASTEREIN-      C
C        HEITEN ODER DER AUFTRAGSREIHENFOLGE IN DER ZUKUNFT          C
C                                                                    C
C        DIESES PROGRAMM WIRD VON "AUFTME" GERUFEN.                  C
cccccccccccccccccccccccccccccccccccccccccccccccccccccccccccccccccccc

      INTEGER RKAPA,ZAEHL,STT,KENN,PS,SUM,Z,Z1,LAUF,IDUM,RTZ
      INTEGER NPOS,NPZA,VARKAP,RWPAR,BEGINN,DIFF,AUFME
      INTEGER ST(50,11),KAPA(240),KAPAR(240),BEST(10,240),AUFTR(10,240)
      INTEGER STMIN(10),VBMIN(10),AUF(10),AM(50,10),R(10,240)
      INTEGER BZZ(10),BED(10,240),ME(10),MIN,POS,POSV,STV,POSI,POSR
      INTEGER GT(12,2),ENDPAR,KSTART,ISTART,P(240),KENNER,RWPZ,PSS
      INTEGER S(10),S1(10),M1,S2(10)

      REAL    VKAP,AMD(10)

      COMMON  /KANA / KIN,KOUT,KDAT,KGR,AL,MNWMAX,NFAMAX
      COMMON  /BER1 / AUFTR
      COMMON  /BER2 / BEST
      COMMON  /BER3 / ST,AM,AUFME
      COMMON  /BER4 / AMD,ED
      COMMON  /DELT / DELTASOLL
      COMMON  /PARA / MARK,AMPAR,RWPAR,ENDPAR,AVTPAR
      COMMON  /ANG  / NPOS,NPZA,RTZ
      COMMON  /EIN1 / BED,ISTBEST
      COMMON  /EIN2 / VBMIN,BZZ,ME,STMIN,BZSP
      COMMON  /EIN3 / KAPA,KAPAR
      COMMON  /EIN4 / P,PS,POSI,POSR
      COMMON  /RUEST/ AUF,R
      COMMON  /VARI / VARKAP,MIN,KENN
      COMMON  /GT   / GT
      COMMON  /EMER / KENNER,RWPZ

ccccccccccccccccccccccccccccccccccccccccccccccccccccccccccccccccc
C        STARTDATEN. ES GILT :                                   C
C        KENN = 1 >>> NEGATIVBESTAND WAEHREND DER EINPLANUNG C
C        SONST    >>>> ERRECHNETER STARTTERMIN > ALS GT       C
ccccccccccccccccccccccccccccccccccccccccccccccccccccccccccccccccc
      KN        = KENN
      RKAPA     = 0
      POS       = GT(LV,1)
      POSI      = 0
      PSS       = 0
      IF (KENN .EQ. 1 .OR. MARK .EQ.99) THEN
              STT    = ST(1,POS)-1
      ELSE
              STT    = GT(LV,2)-1
      END IF
      MARK      = 0
      PRINT*,'RWPLAN'
      PRINT*,'POS',POS
      PRINT*,'KENN = ',KENN
      PRINT*,'MIN =  ',MIN
      PRINT*,'BEST ',BEST(POS,STT),' ZU ',STT+1
ccccccccccccccccccccccccccccccccccccccccccccccccccccccccccccccccc
C        DEFINITION DER BENOETIGTEN KAPAZITAETSLUECKE           C
C                MIN IN MENGENEINHEITEN                         C
ccccccccccccccccccccccccccccccccccccccccccccccccccccccccccccccccc

      IF (KENN .EQ .1) THEN
        MIN=MIN+(AUF(POS)-R(POS,ST(1,POS)))*VARKAP*STMIN(POS)/100+1
      ELSE

ccccccccccccccccccccccccccccccccccccccccccccccccccccccccccccccccc
C        ST >GT                                                 C
ccccccccccccccccccccccccccccccccccccccccccccccccccccccccccccccccc
                MIN       = 0
                INT       = 0
                M         = GT(LV,2)+BZZ(POS)

                DO WHILE (M .GT. GT(LV,2))
                   DIFF = KAPA(M) - KAPAR(M)
                   IF (DIFF.GT.0) THEN
                        MIN = MIN + DIFF
                   END IF
                   IF (KAPA(M).EQ.0 .AND. BED(POS,M).GT.0) THEN
                        INT = INT + BED(POS,M)
                   END IF
                   M     = M - 1
                END DO

              . MIN = 1+ (MIN + AUF(POS))*VARKAP*STMIN(POS)/100
                MIN = MIN + IABS(BEST(POS,ST(1,POS))) + INT
      END IF
      PRINT*,'MIN SUM',MIN

cccccccccccccccccccccccccccccccccccccccccccccccccccccccccccccc
C        BESTIMME DIE LETZTE KAPAZITAETSLUECKE         C
C                VON STT AN                            C
cccccccccccccccccccccccccccccccccccccccccccccccccccccccccccccc

1     DO 100 N = STT,1,-1
         IF (KAPAR(N) .GT. 0) GOTO 23
100   CONTINUE

ccccccccccccccccccccccccccccccccccccccccccccccccccccccccccccccccccc
C        NOTPLANUNG, DA NICHT GENUEGEND KAPAZITAET VORHANDEN       C
ccccccccccccccccccccccccccccccccccccccccccccccccccccccccccccccccccc

      IF (N .EQ. 0) THEN
              CALL ANFANG
              N         = RWPZ
              I         = POSR+1
              PSS       = POSI
              GOTO 50
      END IF

cccccccccccccccccccccccccccccccccccccccccccccccccccccccccccccc
C        REICHT DIE RESTKAPAZITAET AUS , UM MIN EINZULASTEN ?   C
cccccccccccccccccccccccccccccccccccccccccccccccccccccccccccccc
C        UMRECHNUNG DER RESTKAPAZITAET IN MENGENEINHEITEN       C
cccccccccccccccccccccccccccccccccccccccccccccccccccccccccccccc

23    RKAPA = (KAPAR(N)-1)*VARKAP*STMIN(POS)/100
      IF (RKAPA .GE. MIN) THEN
                     GOTO 3
      ELSE
              MIN    = MIN - RKAPA
              STT    = N - 1
              GOTO 1
      END IF

ccccccccccccccccccccccccccccccccccccccccccccccccccccccccccccc
C        BEGINN DER NEUEINLASTUNG BEI STT             C
ccccccccccccccccccccccccccccccccccccccccccccccccccccccccccccc

3     STT    = N
      PRINT*,'STT =',STT,' P =',P(STT)
ccccccccccccccccccccccccccccccccccccccccccccccccccccccccccccc
C        STARTPZA:                                    C
C        NUR SOVEL WIE BENOETIGT EINLASTEN            C
ccccccccccccccccccccccccccccccccccccccccccccccccccccccccccccc

      ISTART = IFIX(2.999+MIN*100./FLOAT(VARKAP*STMIN(POS)))
      IF (ISTART .GT. 0.8*KAPAR(N)) ISTART = KAPAR(N)

ccccccccccccccccccccccccccccccccccccccccccccccccccccccccccccccccc
C        IST BEREITS EINE RUECKWAERTSPLANUNG ERFOLGT, DIE       C
C        IN PZA START BEGANN ? DANN IST DIE FOLGENDE            C
C        POSITION BEREITS IN P(START) GESPEICHERT               C
ccccccccccccccccccccccccccccccccccccccccccccccccccccccccccccccccc
C        DIFF = BISHER EINGELASTETE KAPAZITAET                  C
C        ISTART = VERBLEIBENDE RESTKAPAZITAET DES PZA           C
C        KSTART = NEUE FREIKAPAZITAET DES PZA VOR EINLAST       C
ccccccccccccccccccccccccccccccccccccccccccccccccccccccccccccccccc

      IF (P(STT) .NE. 0) THEN
          PS = P(STT)
          DIFF   = 0
          INT    = 0
          IF (R(PS,STT).NE.0) DIFF = R(PS,STT)
          IF (AUFTR(PS,STT).NE.0) THEN
              INT = IFIX(0.999+AUFTR(PS,STT)*100./(VARKAP*STMIN(PS))
          END IF
          DIFF = DIFF + INT
          KSTART = KAPAR(STT)+DIFF
          ISTART = ISTART + DIFF
          KAPAR(STT) = ISTART
          GOTO 33
      ELSE
          KSTART = KAPAR(STT)
          KAPAR(STT) = ISTART
      END IF

ccccccccccccccccccccccccccccccccccccccccccccccccccccccccccccccccc
C        SUCHE DEN NAECHSTEN EINZULASTENDEN AUFTRAG (PS)   C
C        UND DESSEN ALTEN STARTTERMIN (N)                  C
ccccccccccccccccccccccccccccccccccccccccccccccccccccccccccccccccc

301   N    = N+1
      IF (KAPA(N).EQ. 0) GOTO 301

      IF (P(N).EQ.0) THEN
          DO 300 I = 1,NPOS
              IF (AUF(I) .EQ. 0 .AND. AUFTR(I,N) .NE. 0) THEN
                  Z = Z + 1
                  PS = I
              END IF
              IF (AUF(I) .NE. 0 .AND. R(I,N) .NE. 0) THEN
                  Z = Z + 1
                  PS = I
              END IF
300       CONTINUE
          IF (Z.EQ.0) GOTO 301
          IF (Z.EQ.1) GOTO 33
          IF (Z.GT.1) GOTO 302
      ELSE
302       Z    = 0
          I    = 1
          DO 310 I1 = RTZ,2,-1
              IF (I1.LT.I-1) GOTO 311
              DO 315 M = 1,NPOS
                  IF (ST(I1,M) .EQ. N) THEN
                      Z = Z + 1
                      S(Z) = M
                      IF (Z.EQ.1) I = I1
                      S2(Z) = I1
                  END IF
315           CONTINUE
310       CONTINUE


311       IF (Z.EQ.1) PS = S(1)

          IF (Z.EQ.2) THEN
              IF (S(1) .EQ. P(N)) THEN
                      PS = S(2)
              ELSE
                  IF (S(2) .EQ. P(N)) THEN
                      PS = S(1)
                  END IF
              END IF
              IF (PS.NE.0) GOTO 33
          END IF
      END IF
```

```fortran
          IF (Z.GE.2) THEN
              DO 320 M = 1,Z
                  IF (S(M) .EQ. P(N)) THEN
                      IF (M.EQ.Z) GOTO 322
                      DO 321 L = M,Z-1
                          S(L) = S(L+1)
                          S2(L)= S2(L+1)
321                   CONTINUE
                      GOTO 322
                  END IF
320           CONTINUE

322           IF (S2(1).NE.S2(2)) THEN
                  IF (S2(1).LT.S2(2)) THEN
                    PS = S(1)
                  ELSE
                    PS = S(2)
                  END IF

                  GOTO 33
                  ELSE
                  DO 323 K = S2(1)+1,RTZ
                    IF (ST(K,S(1)) .EQ. ST(K,S(2))) GOTO 323
                    IF (ST(K,S(1)) .GT. ST(K,S(2))) THEN
                              PS = S(2)
                    ELSE
                              PS = S(1)
                    END IF
                    GOTO 33
323               CONTINUE
                  END IF
              END IF
          END IF

CCCCCCCCCCCCCCCCCCCCCCCCCCCCCCCCCCCCCCCCCCCCCCCCCCCCCCCCCC
C         ROUTINE ZUM AUFFINDEN DER POSITION UND DER STELLE  C
C         IN DER ST- UND AM- TABELLE                         C
C         N   =   BISHERIGER STARTTERMIN DER POSITION PS     C
CCCCCCCCCCCCCCCCCCCCCCCCCCCCCCCCCCCCCCCCCCCCCCCCCCCCCCCCCC

33        DO 330 I = RTZ,2,-1
            IF (ST(I,PS) .EQ. N) GOTO 4
330       CONTINUE

CCCCCCCCCCCCCCCCCCCCCCCCCCCCCCCCCCCCCCCCCCC
C         PS = AKTUELLE POSITION           C
C         I  = STELLE IN DER TABELLE       C
CCCCCCCCCCCCCCCCCCCCCCCCCCCCCCCCCCCCCCCCCCC
C         MARKIEREN DER STARTPOSITION FUER       C
C         WEITERE RUECKWAERTSPLANUNGEN           C
CCCCCCCCCCCCCCCCCCCCCCCCCCCCCCCCCCCCCCCCCCCCCCC

          IF (I.EQ.1) THEN
CCCCCCCCCCCCCCCCCCCCCCCCCCCCCCCCCCCCCCCCCC
C         NUR AKTUELLE POSITION WIRD NEU   C
C         EINGEPLANT, GEHE MIT NEUEM       C
C         STT IN AUFTME ZURUECK            C
CCCCCCCCCCCCCCCCCCCCCCCCCCCCCCCCCCCCCCCCCC

              P(STT)    = POS
              ST(1,POS) = STT
              ST(2,POS) = STT
                        GOTO 998

          END IF
4         P(STT) = PS

CCCCCCCCCCCCCCCCCCCCCCCCCCCCCCCCCCCCCCCCCCCCCCCCCCCCCCCCCCCCC
C                                                            C
C         LOESCHEN DER BISHER EINGELASTETEN AUFTRAEGE        C
C                                                            C
CCCCCCCCCCCCCCCCCCCCCCCCCCCCCCCCCCCCCCCCCCCCCCCCCCCCCCCCCCCCC

          DO 400 JJ = STT+1,NPZA
              P(JJ)     = 0
              KAPAR(JJ) = KAPA(JJ)
              DO 401 J =1,NPOS
                  AUFTR(J,JJ) = 0
                  R(J,JJ)     = 0
401           CONTINUE
400       CONTINUE

          BEGINN  = STT
          N       = STT

CCCCCCCCCCCCCCCCCCCCCCCCCCCCCCCCCCCCCC
C         ERMITTELN DES POSV          C
CCCCCCCCCCCCCCCCCCCCCCCCCCCCCCCCCCCCCC

          Z        = 0
          DO 420 K = 1,NPOS
            IF (K.EQ.PS) GOTO 420
            IF (ST(I,K).EQ.STT .OR. ST(I+1,K).EQ.STT ) THEN
                Z = Z + 1
                S(Z) = K
            END IF
420       CONTINUE

          IF (Z.EQ.0) GOTO 50

          IF (Z.EQ.1) THEN
                PSS = S(1)
                GOTO 49
          END IF


          IF (Z.GT.1) THEN
            K1      = I+1
421         MIN     = ST(K1,S(1))
            Z1      = 1
            S1(1)   = S(1)
            IF (MIN .EQ. 0) GOTO 450
            DO 430 M = 2,Z
                IF (ST(K1,S(M)) .GT. MIN) THEN
                    MIN     = ST(K1,S(M))
                    S1(1)   = S(M)
                    Z1      = 1
                END IF
                IF (ST(K1,S(M)) .EQ. MIN)  THEN
                    Z1      = Z1 + 1
                    S1(Z1)= S(M)
                END IF
430         CONTINUE

            IF (Z1 .GT. 1) THEN
                K1 = K1+1
                DO 431 M1 = 1,Z1
                    S(M1)  = S1(M1)
431             CONTINUE
                Z       = Z1
                GOTO 421
            ELSE
450             PSS       = S1(1)
            END IF
          END IF


CCCCCCCCCCCCCCCCCCCCCCCCCCCCCCCCCCCCCC
C         POSI = POSVORGAENGER        C
CCCCCCCCCCCCCCCCCCCCCCCCCCCCCCCCCCCCCC

49        POSI = PSS

CCCCCCCCCCCCCCCCCCCCCCCCCCCCCCCCCCCCCCCCCCCCCCCCCCCCCCCCCCCCCCCC
C         BEGINN DER SCHLEIFE ZUR NEUEINLASTUNG DER BEREITS     C
C         BESTIMMTEN AUFTRAGSMENGEN                             C
CCCCCCCCCCCCCCCCCCCCCCCCCCCCCCCCCCCCCCCCCCCCCCCCCCCCCCCCCCCCCCCC

50        J        = N
          STV      = N
          ST(I,PS) = N
          SUM      = AM(I-1,PS)
          K        = 1
          PRINT*,'POS ',POS,' STT=',J,' SUM ',SUM
CCCCCCCCCCCCCCCCCCCCCCCCCCCCCCCCCCCCCCCCCCCCCCCCCCCC
C         EINLASTUNG DER RUESTZEIT              C
CCCCCCCCCCCCCCCCCCCCCCCCCCCCCCCCCCCCCCCCCCCCCCCCCCC

          DIFF     = 0-AUF(PS)
51        DIFF     = KAPAR(J)+DIFF
          IF (DIFF .LT.0) THEN
              R(PS,J) = KAPAR(J)
              KAPAR(J)= 0
              J       = J+1
              GOTO 51
          ELSE
              R(PS,J) = KAPAR(J) - DIFF
              KAPAR(J)= DIFF
          END IF

CCCCCCCCCCCCCCCCCCCCCCCCCCCCCCCCCCCCCCCCCCCCCCCCCC
C         EINLASTUNG DER AUFTRAGSMENGE         C
CCCCCCCCCCCCCCCCCCCCCCCCCCCCCCCCCCCCCCCCCCCCCCCCC

5         IF (KAPAR(J) .EQ.0 .AND. J .NE. STT) THEN
                                        J = J+1
                                        GOTO 5
          END IF

          RKAPA    = KAPAR(J)*STMIN(PS)*VARKAP/100
          IF ( SUM .GT. RKAPA ) THEN
              AUFTR(PS,J) = RKAPA
              KAPAR(J)    = 0
              SUM         = SUM - RKAPA
              J           = J + 1
              GOTO 5

          ELSE
              AUFTR(PS,J) = SUM
              INT  = SUM*100./(VARKAP*STMIN(PS))
              KAPAR(J)    = KAPAR(J) - (INT+1)
          END IF

CCCCCCCCCCCCCCCCCCCCCCCCCCCCCCCCCCCCCCCCCCCCCCCCCCCCCCCCCCCCCCCC
C         BEI ERFOLGTER NOTPLANUNG WERDEN DIE NEUEN            C
C         GT UND DER WST DER JEWEILS LETZTEN EINLASTUNG        C
C         DER POSITIONEN BESTIMMT (LV=12)                      C
CCCCCCCCCCCCCCCCCCCCCCCCCCCCCCCCCCCCCCCCCCCCCCCCCCCCCCCCCCCCCCCC

          IF (I.EQ.2 .AND. KENNER .EQ. 1) THEN
              CALL GRZTERM(12)
              CALL START(12)

              DO 58 K = 1,NPOS
              IF (GT(K,1) .EQ. PS) THEN
                              GT(K,2) = GT(12,2)
                              GOTO 59
              END IF
58            CONTINUE
59        END IF

CCCCCCCCCCCCCCCCCCCCCCCCCCCCCCCCCCCCCCCCCCCCCCCCCCC
C         DEFINIERE NEUEN POSVORGAENGER          C
CCCCCCCCCCCCCCCCCCCCCCCCCCCCCCCCCCCCCCCCCCCCCCCCCC

          PSS  = POSI
          POSI = PS

CCCCCCCCCCCCCCCCCCCCCCCCCCCCCCCCCCCCCCCCCCCCCCCCCCCCCCCCCCCCCCCC
C         SUCHE NAECHSTEN STARTTERMIN := N                     C
CCCCCCCCCCCCCCCCCCCCCCCCCCCCCCCCCCCCCCCCCCCCCCCCCCCCCCCCCCCCCCCC

53        IF (KAPAR(J) .NE. 0) THEN
                              N = J
                              GOTO 52
          ELSE
                  J = J + 1
                  GOTO 53
52        END IF
```

```fortran
CCCCCCCCCCCCCCCCCCCCCCCCCCCCCCCCCCCCCCCCCCCCCCCCCCCCCCCCCCCCCC
C          ROUTINE ZUM AUFSUCHEN DER NAECHSTEN AUFTRAGSMENGE          C
CCCCCCCCCCCCCCCCCCCCCCCCCCCCCCCCCCCCCCCCCCCCCCCCCCCCCCCCCCCCCC

          MARK    = 0
          Z       = 0

          DO 500 K = 1,NPOS
            S(K) = 0
            IF (K.EQ.PS.OR.(K.EQ.PSS.AND.NPOS.GT.2).OR.ST(I,K).LT.J) Z = Z + 1
500       CONTINUE

          IF (Z .EQ. NPOS) I = I - 1

6         Z       = 0

CCCCCCCCCCCCCCCCCCCCCCCCCCCCCCCCCCCCCCCCCCC
C          Z = ZAEHLER FUER DIE REIHE          C
C          Z1= ANZAHL DER STARTTERMINE          C
C          I = REIHE IN DER AM/ST-TABELLE          C
CCCCCCCCCCCCCCCCCCCCCCCCCCCCCCCCCCCCCCCCCCC

          IF (I.EQ.1) GOTO 8

CCCCCCCCCCCCCCCCCCCCCCCCCCCCCCCCCCCCCCCCCCC
C          ABBRUCHKRITERIUM I = 1          C
CCCCCCCCCCCCCCCCCCCCCCCCCCCCCCCCCCCCCCCCCCC

          DO 600 K = 1,NPOS
            IF ((K.EQ.PSS.AND.NPOS.GT.2) .OR. K .EQ. PS) GOTO 600

            IF (ST(I,K).EQ.J .OR. ST(I+1,K).EQ.J ) THEN
                Z = Z + 1
                S(Z) = K
                IF (ST(I+1,K).EQ.J) THEN
                      S2(Z) = I+1
                ELSE
                      S2(Z) = I
                END IF
            END IF
600       CONTINUE

          IF (Z.EQ.0) THEN
              J = J + 1
              GOTO 6
          END IF

          IF (Z.EQ.1) THEN
                PS = S(1)
                I  = S2(1)
          END IF

          IF (Z.GT.1) THEN
            K1      = 1
609         MIN     = ST(S2(1)+K1,S(1))
            Z1      = 1
            S1(1) = S(1)
            IF (MIN .EQ. 0) GOTO 650
            DO 610 M = 2,Z
                IF (ST(S2(M)+K1,S(M)) .LT. MIN) THEN
                    MIN     = ST(S2(M)+K1,S(M))
                    S1(1)     = S(M)
                    S2(1)     = S2(M)
                    Z1        = 1
                    GOTO 610
                END IF
                IF (ST(S2(M)+K1,S(M)) .EQ. MIN)      THEN
                    Z1        = Z1 + 1
                    S1(Z1) = S(M)
                    S2(Z1) = S2(M)
                END IF
610         CONTINUE

            IF (Z1 .GT. 1) THEN
                K1 = K1+1
                DO 620 M1 = 1,Z1
                    S(M1)  = S1(M1)
620             CONTINUE
                Z          = Z1
                GOTO 609
            ELSE
650             PS       = S1(1)
                I        = S2(1)
            END IF
          END IF

CCCCCCCCCCCCCCCCCCCCCCCCCCCCCCCCCCCCCCCCCCCCCCCCCCCCCC
C          FALLS STT = STV WIRD DER PZA NEU MARKIERT          C
CCCCCCCCCCCCCCCCCCCCCCCCCCCCCCCCCCCCCCCCCCCCCCCCCCCCCC

          IF (N.EQ.STV) THEN
          P(N) = PS
          END IF

CCCCCCCCCCCCCCCCCCCCCCCCCCCCCCCCCCCCCCCCCCCCCCCCCCCCCCCCCCCCCC
C          RUECKSPRUNG ZUM NAECHSTEN EINZULASTENDEN AUFTRAG          C
C          MIT AKTUELLER POSITION PS UND STARTTERMIN N          C
CCCCCCCCCCCCCCCCCCCCCCCCCCCCCCCCCCCCCCCCCCCCCCCCCCCCCCCCCCCCCC

799       GOTO 50

CCCCCCCCCCCCCCCCCCCCCCCCCCCCCCCCCCCCCCCCCCCCCCCCCCCCCCCCCCCCCC
C          BEENDIGUNG DER RUECKWAERTSPLANUNG          C
CCCCCCCCCCCCCCCCCCCCCCCCCCCCCCCCCCCCCCCCCCCCCCCCCCCCCCCCCCCCCC
CCCCCCCCCCCCCCCCCCCCCCCCCCCCCCCCCCCCCCCCCCCCCCCCCCCCCCCCCCCCCC

8         ST(1,POS) = ST(2,POS)

999       RWPAR = RWPAR +1
          MARK = 0
          KENN = 0


CCCCCCCCCCCCCCCCCCCCCCCCCCCCCCCCCCCCCCCCCCC
C          NEUE BESTANDSRECHNUNG BEI          C
C          ERFOLGTER NOTPLANUNG          C
CCCCCCCCCCCCCCCCCCCCCCCCCCCCCCCCCCCCCCCCCCC
          PRINT*,'KENNER',KENNER
          IF (KENNER .NE. 0) THEN
              DO 81 J = 1,NPOS
                DO 82 I = RWPZ,N+30
                  BEST(J,I+1) = BEST(J,I) +AUFTR(J,I) - BE(
82              CONTINUE
81            CONTINUE
              RWPZ = ST(1,POS)
          ELSE

CCCCCCCCCCCCCCCCCCCCCCCCCCCCCCCCCCCCCCCCCCCCCCCCCC
C          KORREKTUR DER STARTKAPAZITAET          C
CCCCCCCCCCCCCCCCCCCCCCCCCCCCCCCCCCCCCCCCCCCCCCCCCC

              KAPAR(BEGINN) = KSTART - ISTART

          END IF
          PRINT*,'BEST ',BEST(POS,ST(1,POS)),' ZU ',ST(1,POS)
998       RETURN
          END
```

```
AUSDRUCK FUER TESTFALL  20

(AUFTRAGSMENGENBERECHNUNG UEBER
STT VORDERMANN MIT FOLGENDER KAPAZITAET
UND MIT DELTASOLL
M I T  AVT-RUNDUNG

VARIABLER KAPAZITAETSFAKTOR : 300
```

POSITION

POSITION	1	2	3	4
BESTAND	800	1000	600	700
- VB-MIN	200	200	200	200
- BZZ	6	6	6	6
- RE	144	144	144	144
- STMIN	2	2	2	2
- DELTA	1	3	1	1
- AMD	1	2	1	1

PZA	KAP	BED	AUFT	BEST	BED	AUFT	BEST	BED	AUFT	BEST	BED	AUFT	BEST	PROZ
1	1.00	100	0	800	150	0	1000	120	0	600	80	0	700	0.00 %
2	1.00	100	0	700	150	0	850	120	0	480	80	0	620	0.00 %
3	0.00	0	0	600	0	0	700	0	0	360	0	0	540	-
4	1.00	100	0	600	150	0	700	120	600	360	80	0	540	100.00 %
5	1.00	100	0	500	150	0	550	120	264	840	80	0	460	44.00 %
6	0.00	0	0	400	0	0	400	0	0	984	0	0	380	-
7	1.00	100	0	400	150	600	400	120	0	984	80	0	380	100.00 %
8	1.00	100	0	300	150	408	850	120	0	864	80	0	300	68.00 %
9	0.00	0	0	200	0	0	1108	0	0	744	0	0	220	-
10	1.00	100	600	200	150	0	1108	120	0	744	80	0	220	100.00 %
11	1.00	100	408	700	150	0	958	120	0	624	80	0	140	68.00 %
12	0.00	0	0	1008	0	0	808	0	0	504	0	0	60	-
13	1.00	100	0	1008	150	0	808	120	0	504	80	600	60	100.00 %
14	1.00	100	0	908	150	0	658	120	0	384	80	408	580	68.00 %
15	0.00	0	0	808	0	0	508	0	0	264	0	0	908	-
16	0.00	0	0	808	0	0	508	0	0	264	0	0	908	-
17	0.00	0	0	808	0	0	508	0	0	264	0	0	908	-
18	0.00	0	0	808	0	0	508	0	0	264	0	0	908	-
19	0.00	0	0	808	0	0	508	0	0	264	0	0	908	-
20	0.00	0	0	808	0	0	508	0	0	264	0	0	908	-
21	0.00	0	0	808	0	0	508	0	0	264	0	0	908	-
22	1.00	100	0	808	150	0	508	120	0	264	80	0	908	0.00 %
23	1.00	100	0	708	150	0	358	120	600	144	80	0	828	100.00 %
24	0.00	0	0	608	0	0	208	0	0	624	0	0	748	-
25	1.00	100	0	608	150	0	208	120	600	624	80	0	748	100.00 %
26	1.00	100	0	508	150	600	58	120	0	1104	80	0	668	100.00 %
27	0.00	0	0	408	0	0	508	0	0	984	0	0	588	-
28	1.00	100	0	408	150	600	508	120	0	984	80	0	588	100.00 %
29	1.00	100	0	308	150	384	958	120	0	864	80	0	508	64.00 %
30	0.00	0	0	208	0	0	1192	0	0	744	0	0	428	-
31	1.00	100	0	208	150	0	1192	120	0	744	80	0	428	0.00 %
32	1.00	100	600	108	150	0	1042	120	0	624	80	0	348	100.00 %
33	0.00	0	0	608	0	0	892	0	0	504	0	0	268	-
34	1.00	100	408	608	150	0	892	120	0	504	80	0	268	68.00 %
35	1.00	100	0	916	150	0	742	120	0	384	80	600	188	100.00 %
36	0.00	0	0	816	0	0	592	0	0	264	0	0	708	-
37	0.00	0	0	816	0	0	592	0	0	264	0	0	708	-
38	0.00	0	0	816	0	0	592	0	0	264	0	0	708	-
39	0.00	0	0	816	0	0	592	0	0	264	0	0	708	-
40	0.00	0	0	816	0	0	592	0	0	264	0	0	708	-

POSITION 1 2 3 4

PZA	KAP	BED	AUFT	BEST	BED	AUFT	BEST	BED	AUFT	BEST	BED	AUFT	BEST	PROZ
41	0.00	0	0	816	0	0	592	0	0	264	0	0	708	–
42	0.00	0	0	816	0	0	592	0	0	264	0	0	708	–
43	1.00	100	0	816	150	0	592	120	0	264	80	120	708	20.00 %
44	1.00	100	0	716	150	0	442	120	600	144	80	0	748	100.00 %
45	0.00	0	0	616	0	0	292	0	0	624	0	0	668	–
46	1.00	100	0	616	150	0	292	120	552	624	80	0	668	92.00 %
47	1.00	100	0	516	150	600	142	120	0	1056	80	0	588	100.00 %
48	0.00	0	0	416	0	0	592	0	0	936	0	0	508	–
49	1.00	100	0	416	150	600	592	120	0	936	80	0	508	100.00 %
50	1.00	100	0	316	150	240	1042	120	0	816	80	0	428	40.00 %
51	0.00	0	0	216	0	0	1132	0	0	696	0	0	348	–
52	1.00	100	600	216	150	0	1132	120	0	696	80	0	348	100.00 %
53	1.00	100	552	716	150	0	982	120	0	576	80	0	268	92.00 %
54	0.00	0	0	1168	0	0	832	0	0	456	0	0	188	–
55	1.00	100	0	1168	150	0	832	120	0	456	30	600	188	100.00 %
56	1.00	100	0	1068	150	0	682	120	0	336	80	264	708	44.00 %
57	0.00	0	0	968	0	0	532	0	0	216	0	0	892	–
58	0.00	0	0	968	0	0	532	0	0	216	0	0	892	–
59	0.00	0	0	968	0	0	532	0	0	216	0	0	892	–
60	0.00	0	0	968	0	0	532	0	0	216	0	0	892	–
61	0.00	0	0	968	0	0	532	0	0	216	0	0	892	–
62	0.00	0	0	968	0	0	532	0	0	216	0	0	892	–
63	0.00	0	0	968	0	0	532	0	0	216	0	0	892	–
64	1.00	100	0	968	150	0	532	120	600	216	80	0	892	100.00 %
65	1.00	100	0	868	150	0	382	120	600	696	80	0	812	100.00 %
66	0.00	0	0	768	0	0	232	0	0	1176	0	0	732	–
67	1.00	100	0	768	150	0	232	120	240	1176	80	0	732	40.00 %
68	1.00	100	0	668	150	600	82	120	0	1296	80	0	652	100.00 %
69	0.00	0	0	568	0	0	532	0	0	1176	0	0	572	–
70	1.00	100	0	568	150	600	532	120	0	1176	80	0	572	100.00 %

BESTANDS-DURCHSCHNITT	680	624	554	601

ANZAHL DER RUECKWAERTSPLANUNGEN 2   DURCHSCHNITTSAUSLASTUNG   74.51 %

IPA Forschung und Praxis

Schriftenreihe aus dem Institut für Produktionstechnik und Automatisierung, Stuttgart

Herausgeber: Prof. Dr.-Ing. H. J. Warnecke

Datenerfassung im Produktionsbereich
Von E. Bendeich. ISBN 3-7830-0117-8.
1977, 176 Seiten, kartoniert.   54,— DM

Methodenauswahl für die Materialbewirtschaftung in Maschinenbau-Betrieben
Von H. Graf. ISBN 3-7830-0136-6.
1977, 144 Seiten, kartoniert.   54,— DM

Systematische Auswahl von Förderhilfsmitteln für den innerbetrieblichen Materialfluß
Von W. Rau. ISBN 3-7830-0139-0.
1977, 103 Seiten, kartoniert.   40,— DM

Grundlagen zur Planung von Ersatzteilfertigungen
Von E. Schulz. ISBN 3-7830-0138-2.
1977, 98 Seiten, kartoniert.   40,— DM

Rechnerunterstützte Fabrikplanung
Von B. Minten. ISBN 3-7830-0116-1.
1977, 124 Seiten, kartoniert.   38,— DM

Eine Planungsmethode für automatische Montagesysteme
Von H.-G. Löhr. ISBN 3-7830-0120-X.
1977, 108 Seiten, kartoniert.   32,— DM

Planung und Bewertung von Arbeitssystemen in der Montage
Von H. Metzger. ISBN 3-7830-0131-5.
1977, 108 Seiten, kartoniert.   40,— DM

Klassifizierungssystem für Prüfmittel der industriellen Längenprüftechnik
Von R. Czetto. ISBN 3-7830-0144-7.
1978, 181 Seiten, kartoniert.   64,— DM

Rechnerunterstützte Montageplanung
Von O. Hirschbach. ISBN 3-7830-0149-8.
1978, 146 Seiten, kartoniert.   52,— DM

Rechnerunterstützte Entwicklung von Simulationsmodellen für Unternehmensplanspiele
Von A. Moker. ISBN 3-7830-0147-1.
1978, 181 Seiten, kartoniert.   64,— DM

Arbeitsplatzanalysen zur Ermittlung der Einsatzmöglichkeiten und Anforderungen an Industrieroboter
Von G. Herrmann. ISBN 37830-0151-X.
1978, 113 Seiten, kartoniert.   40,— DM

MFSP — Ein Verfahren zur Simulation komplexer Materialflußsysteme
Von G. Stemmer. ISBN 3-7830-0118-8.
1977, 140 Seiten, kartoniert.   60,— DM

Berührungslose Erkennung durch Positionsbestimmung von Objekten durch inkohärent-optische Korrelation
Von M. König. ISBN 3-7830-0137-4.
1977, 110 Seiten, kartoniert.   40,— DM

Auslegung von Störungspuffern in kapitalintensiven Fertigungslinien
Von R. v. Stetten. ISBN 3-7830-0140-4.
1977, 154 Seiten, kartoniert.   56,— DM

Flexible Transportablaufsteuerung
Von G. Römer. ISBN 3-7830-0114-5.
1977, 188 Seiten, kartoniert.   60,— DM

Rechnergestützte Realplanung von Fabrikanlagen
Von T.-K. Sauter. ISBN 3-7830-0119-6.
1977, 108 Seiten, kartoniert.   32,— DM

Systematisches Auswählen und Konzipieren von programmierbaren Handhabungsgeräten
Von R. D. Schraft. ISBN 3-7830-0115-3.
1977, 108 Seiten, kartoniert.   32,— DM

Auslandsproduktion
Von W. Cypris. ISBN 3-7830-0145-5.
1978, 126 Seiten, kartoniert.   42,— DM

Wirtschaftlicher Einsatz von Mehrkoordinatenmeßgeräten
Von M. Dietzsch. ISBN 3-7830-0148-X.
1978, 142 Seiten, kartoniert.   52,— DM

Fertigungssteuerung bei flexiblen Arbeitsstrukturen
Von K.-G. Lederer. ISBN 3-7830-0146-3.
1978, 128 Seiten, kartoniert.   42,— DM

Untersuchungen zum Polieren und Entgraten durch elektrochemisches Oberflächenabtragen
Von K. Zerweck. ISBN 3-7830-0150-1.
1978, 110 Seiten, kartoniert.   40,— DM

IPA Forschung und Praxis

Berichte aus dem Fraunhofer-Institut für Produktionstechnik und
Automatisierung, Stuttgart, und dem Institut für Industrielle Fertigung
und Fabrikbetrieb der Universität Stuttgart

Herausgeber: Prof. Dr.-Ing. H. J. Warnecke

IPA-IAO Forschung und Praxis

Berichte aus dem Fraunhofer-Institut für Produktionstechnik und
Automatisierung (IPA), Stuttgart, Fraunhofer-Institut für Arbeitswirtschaft
und Organisation (IAO), Stuttgart, und Institut für Industrielle Fertigung
und Fabrikbetrieb der Universität Stuttgart

Herausgeber: Prof. Dr.-Ing. H. J. Warnecke und Prof. Dr.-Ing. H.-J. Bullinger

Die Bände sind im Erscheinungsjahr und in den folgenden drei Kalenderjahren zu beziehen durch den örtlichen Buchhandel oder durch Lange & Springer, Otto-Suhr-Allee 26-28, 1000 Berlin 10.